计算机组成原理

刘 均 主编

北京邮电大学出版社
www.buptpress.com

内 容 简 介

　　本书以冯·诺伊曼结构计算机为主线,系统介绍了计算机硬件系统的基本概念、工作原理、组成结构和设计方法。全书共 7 章,主要内容包括绪论、数据的表示、运算器、存储系统、指令系统、中央处理器、输入输出系统。

　　全书内容全面,实例丰富,配有三种环境的实验设计,并提供相应的电子课件和虚拟实验系统。可作为计算机本科或高职高专学生教材,也可作为计算机相关工作科技人员的参考书。

图书在版编目(CIP)数据

计算机组成原理 / 刘均主编 . -- 北京：北京邮电大学出版社，2016.2（2020.1重印）
ISBN 978-7-5635-4672-5

Ⅰ．①计⋯　Ⅱ．①刘⋯　Ⅲ．①计算机组成原理　Ⅳ．①TP301

中国版本图书馆 CIP 数据核字（2016）第 017028 号

书　　名：计算机组成原理	
主　　编：刘　均	
责任编辑：王丹丹　刘　佳	
出版发行：北京邮电大学出版社	
社　　址：北京市海淀区西土城路 10 号（邮编：100876）	
发 行 部：电话：010-62282185　传真：010-62283578	
E-mail：publish@bupt.edu.cn	
经　　销：各地新华书店	
印　　刷：北京玺诚印务有限公司	
开　　本：787 mm×1 092 mm　1/16	
印　　张：12.5	
字　　数：306 千字	
版　　次：2016 年 2 月第 1 版　2020 年 1 月第 2 次印刷	

ISBN 978-7-5635-4672-5　　　　　　　　　　　　　　　　定　价：32.00 元

· 如有印装质量问题，请与北京邮电大学出版社发行部联系 ·

前　　言

　　"计算机组成原理"是计算机专业及相关专业的专业基础课程，占有较为重要的地位。本教材以冯·诺伊曼结构计算机为主线，全面介绍了运算器、存储器、控制器、输入和输出五大部件的工作原理和基本组成，涉及计算机各部件的基本电路和结构设计，以及计算机程序运行的基本工作原理。

　　"计算机组成原理"课程中基础理论较多，本教材在编写过程中力求通俗易懂，尽量结合实例，对抽象的问题进行阐述和分析，便于学生学习和理解。本教材还提供免费的电子课件，可在北京邮电大学出版社网站下载，为教师和学生带来方便。

　　在学习"计算机组成原理"这门课程的时候，课程理论性强，传统的教学方法是理论教学及实验设备辅助方式。传统的课堂文字图片教学，不够生动形象。而我们提供的电子课件除了文字、图片内容外，还提供了多媒体的演示动画，生动地展示了教学内容中的电子元件电路工作情况，以及部分例题的动画解题过程。

　　本教材的亮点是实验设计部分。理论和实践相结合，才能达到较好的学习效果。一般的实验是基于特定机型实验设备开展的，本教材提供了多机型的实验设计，用户可以根据需要选择 PC 机、AEDK 计算机组成原理实验机以及 EL 组成原理实验机作为实验环境。针对硬件设备实验方式存在实验不能间断进行、设备维护、实验电路的运作过程不能直观显现等问题，借助多媒体技术，我们开发了虚拟实验平台，使得可以在虚拟的软件环境中完成硬件的实验操作。虚拟实验平台的应用，极大地改善了实验效果，促进了课程的学习。

　　本教材编写过程中参考了大量相关文献，在此向这些文献的作者表示感谢，同时感谢北京邮电大学出版社对本教材出版的大力支持。

　　由于时间紧迫及水平有限，不当或错误之处在所难免，敬请广大读者批评指正。

编者

2015 年 11 月

目　录

第1章 概　述

计算机是人类的伟大创造。从 20 世纪 40 年代出现以来,计算机应用如此广泛,对人类和社会的发展带来深远的影响。

1.1　计算机的概念

1.1.1　计算机定义和特性

计算机是一种信息处理工具。

计算机处理的信息形式是多种多样的,可以是数值、文字、图形、图像、声音、视频等多种不同类型的信息。计算机处理信息的多样化,反映了计算机用途的广泛性。

计算机系统除了对信息进行算术运算和逻辑运算外,还能进行搜索、识别、变换,甚至联想、思考和推理等。随着计算机技术的不断发展,其处理功能会越来越强。

计算机系统具有以下特性。

(1) 速度快。计算机采用高速电子器件,能以极高的速度工作。计算机的运算速度从最初每秒几千次加法运算到现在的每秒万亿次甚至百万亿次的浮点运算,还可以进行大信息量的处理和复杂运算,在社会各领域得到大量应用,提高了人类的工作效率,取得了重大的经济与社会效益。

(2) 通用性强。计算机能够处理范围相当广泛的各类信息,所处理的信息具有多样性。因此,计算机的应用广泛,现已深入到工业、农业等各个行业,具有极强的通用性。

(3) 运算精度高。计算机具有高速、高精度的硬件基础,用户在解决现实世界中相应问题时,通过设计正确的算法,编制高效、准确的程序,就能在计算机上得到准确的结果。

1.1.2　计算机的分类

自计算机问世以来,有了很大的发展,各种类型的计算机层出不穷。从不同的标准、不同的角度出发,计算机有多种分类方法。

按计算机所处理对象的表示形式不同,可以分成模拟计算机与数字计算机两类。模拟计算机是对连续变化的直流电压、电流或电荷,进行加、减、乘、除、微分、积分等数学运算的解算装置。数字计算机是一种能自动对用离散符号表示的数字化信息进行处理的通用装置。数字计算机比模拟计算机速度快、精度高、应用更广泛。目前一般意义上的计算机指的是数字计算机。也可以把模拟计算机与数字计算机结合起来,组成混合计算机。

计算机按其用途来分可以分成专用机和通用机两类。专用机是针对某一特定领域设计的系统,针对特定的应用任务进行了优化,对于特定的用途而言,最经济最有效,但适应性差。通用机能完成各种计算任务,适应性强,但是对某一特定用途,则工作效率不是最佳。

根据计算机的规模、性能来分,又可分为巨型机、大型机、小型机、微型机等多种类型。巨型机,是计算机家族中速度最快、性能最高、技术最复杂、价格也是最贵的一类计算机,也称超级计算机。大型机是使用当代的先进技术构成的一类高性能、大容量计算机,但性能与价格指标均低于巨型机,它代表该时期计算机技术的综合水平。小型机是一种规模与价格均介于大型机与微型机之间的一类计算机。微型机是以微处理器为核心组成的计算机系统。它是 20 世纪 70 年代初随着大规模集成电路的发展而诞生的。微型机的诞生与发展,是计算机发展历程中影响最深远的一步。

1.1.3　计算机的应用

由于计算机的高速性、准确性及采用数字化的编码方式,为计算机的广泛应用奠定了基础。其主要应用领域大致可归纳为以下几个方面。

(1) 科学计算。科学计算一直是计算机的重要应用领域。利用计算机的高速性、大存储容量、连续运算能力,可以解决人工无法完成的各种科学计算问题。

(2) 事务信息处理。事务信息处理的主要特点是其处理的对象不仅是数值,还包括语言文字、图形图像信息。处理的过程不仅是数字运算,还包括分类、比较、增删、判别等。

(3) 计算机辅助技术。计算机作为一个有效的工具,在设计、生产、教学等过程中进行辅助性的工作,以充分发挥人的创造力,提高效率,降低成本。该技术应用十分广泛,其中主要有计算机辅助设计(CAD)、计算机辅助制造(CAM)、计算机辅助工程(CAE)和计算机辅助教学(CAI)等。

(4) 计算机网络通信。将计算机技术和通信技术结合,通过通信线路把不同地域多台计算机连接起来实现信息交流和资源共享。

(5) 计算机控制。计算机控制是计算机用于生产活动过程中进行操作控制的过程和技术。它通过不断采集被控对象的各种状态信息,由计算机按照被控对象模型和一定的控制策略实时地计算和处理后,作为控制信息对被控对象进行自动调节和控制。

(6) 人工智能。人工智能是用计算机模仿人类的感知、思维、推理等智能活动,是在控制论、计算机科学、仿真技术、心理学等学科基础上发展起来的新学科。

随着计算机技术的发展,计算机应用技术从最初的数值计算已逐渐渗透到人类活动的各个领域,计算机应用系统也由最初的单机系统向集成化、网络化、智能化的方向发展。反过来,也正由于计算机应用的需要,推动了计算机技术的不断创新与发展。

1.2　计算机的发展历程

1943 年美国宾夕法尼亚大学的莫齐利(Mauchley)和他的学生艾克特(Eckert),为进行新武器的弹道计算,开始研制第一台由程序控制的电子数字计算机 ENIAC。该计算机曾在第二次世界大战中投入使用,到 1946 年正式公布。ENIAC 可进行 5000 次/秒的加法运算、50 次/秒的乘法运算、平方和立方计算、sin 和 cos 函数数值运算以及其他更复杂的计算。该机耗资 40 万美元,含有 18000 个真空管,重 30 吨,功率 150 千瓦,占地面积约 140 平方米。该机正式运行到 1955 年 10 月 2 日，十年间共运行了 80 223 小时。它的算术运算量比有史以来人类大脑所有运算量的总和还要大。

计算机多年的发展历史表明，计算机硬件的发展受电子元器件的发展影响极大。为此，人们习惯以元器件的更新作为计算机技术进步划代的主要标志。

下面介绍各代计算机的主要特点。

（1）第一代计算机

第一代计算机为电子管计算机。其逻辑元件采用电子管，存储器件为声延迟线或磁鼓，系统结构为定点运算，使用机器语言。电子管计算机体积大、速度慢、存储容量小。

（2）第二代计算机

第二代计算机为晶体管计算机。其逻辑元件采用晶体管，内存储器由磁芯构成，磁鼓与磁带成为外存储器。系统结构实现了浮点运算，并提出了变址、中断、I/O 处理等新概念。开始使用多种高级语言及其编译程序。和第一代电子管计算机相比，第二代晶体管机体积小、速度快、功耗低、可靠性高。

（3）第三代计算机

第三代计算机为集成电路计算机。其逻辑元件与存储器均由集成电路实现。系统结构采用了包括微程序控制、高速缓存、虚拟存储器、流水线技术等。高级语言发展迅速，操作系统进一步发展，有了多用户分时操作系统，应用领域不断拓宽。

这一时期还有另外一个重要特点：大型/巨型机与小型机同时发展。小型计算机的发展，对计算机的推广使用产生了很大的影响。

（4）第四代计算机

20 世纪 70 年代初，微电子学飞速发展创造的大规模集成电路和微处理器给计算机工业注入了新鲜血液，大规模（LSI）和超大规模（VLSI）集成电路成为计算机的主要器件。内存也采用超大规模集成电路。系统结构上，出现了多处理机系统和并行计算机。软硬件有了更多的结合，开发出了用于并行处理的多处理机操作系统专用语言和编译器。同时出现了用于并行处理或分布计算的软件工具和环境。

这一时期的另一个重要特点是计算机网络的发展与广泛应用，进入了网络时代。

（5）第五代计算机

一直以来，计算机以元器件的更新换代作为划代的标志。多年来，人们在不断努力与探索，以寻找速度更快、功能更强的全新的元器件，如神经元、生物芯片、分子电子器件、超导计算机、量子计算机等。计算机基本结构也试图突破冯·诺依曼结构体系，使其更具智能化。这方面的研究工作已取得了一些重要成果，相信在不久的将来，真正的新一代计算机一定会出现。

1.3 计算机的组成与结构

1.3.1 计算机系统的基本组成

一个完整的计算机系统是由硬件系统和软件系统两大部分组成。计算机硬件是指由物理元器件构成的数字电路系统。计算机软件是指实现算法的程序及其相关文档。计算机依靠硬件和软件的协同工作来执行给定的任务。

（1）计算机硬件

计算机硬件系统是构成计算机系统的物理实体，是计算机工作的物质基础，是看得见摸得着的具体设备。冯·诺依曼教授作为 ENIAC 课题组顾问，提出了存储程序的设计思想和全新的计算机设计方案，对 ENIAC 的研制工作起到了促进作用。尽管计算机硬件技术已经经过了几代发展，计算机体系结构已经取得了很大发展，但绝大部分计算机硬件的基本组成仍然遵循冯·诺依曼结构。

冯·诺依曼计算机的基本结构如图 1-1 所示。

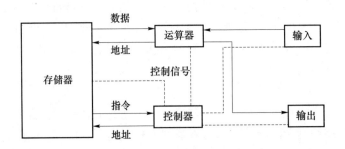

图 1-1　冯·诺依曼计算机基本结构

冯·诺依曼计算机由五个基本部分组成，分别是运算器、控制器、存储器、输入设备和输出设备。运算器是进行算术运算和逻辑运算的部件。存储器以二进制形式存放数据和程序。输入设备将外部信息转换为计算机能够识别和接受的电信号。输出设备将计算机内的信息转换成人或其他设备能接受和识别的形式（如图形、文字和声音等）。控制器发出各种控制信号，以统一控制计算机内的各部分协调工作。计算机中各功能部件通过总线连接起来。程序和数据由输入设备输入计算机，由存储器保存，运算器执行程序设计的各种运算，控制器在程序运行中控制所有部件和过程，由输出设备输出结果。

冯·诺依曼设计思想的特征是存储程序并自动运行。在运行程序之前，程序指令和数据一起存放在存储器中，然后逐条取出指令执行。按照这个思想，要想解决一个问题，只要编制有效的程序，该问题就可以在计算机中求解。

冯·诺依曼结构奠定了现代计算机的结构。但是，在现代计算机产品中，这五部分并不是独立存在的。一般采用大规模集成电路技术，将运算器和控制器集成在一片半导体芯片上，叫作中央处理器（Central Processing Unit，CPU），在微型计算机中称为微处理器。存储器产品包括内存储器（如内存条）和外存储器（如硬盘、光盘等）。中央处理器加上主存储器称为主机。常用的输入设备有键盘、鼠标、扫描仪等。常用的输出设备有显示器、打印机等。将输入输出设备、外存储器称为外设。外设与中央处理器的连接通道称为接口，如显卡、声卡等。计算机产品中的主板（或称母板）是一块集成电路板，用于固定各部件产品，以及分布各部件之间的连接总线、接口等。

常见计算机硬件产品图如图 1-2 所示。

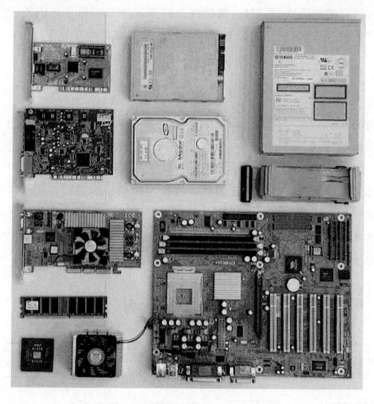

图 1-2　常见计算机硬件产品图

（2）计算机软件

计算机软件是为了用户使用计算机硬件效能所必备的各种程序和文档的集合,也称为计算机系统的软资源。计算机软件一般可分为系统软件和应用软件两类。

系统软件用于管理、监控和维护计算机资源,向用户提供一个基本的操作界面,是应用软件的运行环境,是人和硬件系统之间的桥梁。系统软件包括操作系统(如 Windows、Linux)、监控程序(如 PC 微机中的 BIOS 程序)、计算机语言处理程序(如汇编程序、编译程序)。

应用软件是为解决数据处理、事务管理、工程设计等实际需要开发的各种应用程序,直接面向用户需要。

不论系统软件程序还是应用软件程序,都是采用程序设计语言编写的。程序设计语言是编写各种计算机软件的手段或规范,又称为编程环境。用程序设计语言编写的程序称为源程序,在计算机上运行的程序称为可执行程序。

程序设计语言一般分为机器语言、汇编语言和高级语言。

（1）机器语言

机器语言是一种用二进制表示的能被计算机硬件直接识别和执行的语言。机器语言根据 CPU 的不同而不同。机器语言程序又称为目标程序。用机器语言编写程序,优点是可以在计算机上直接执行,缺点是直观性差、烦琐、容易出错和通用性差。

（2）汇编语言

采用文字符号来表示机器语言,能够帮助记忆,这种采用助记符表示的语言为汇编语言。汇编语言程序比较直观、易记忆、易检查。但是计算机不能直接识别,需要翻译成机器语言程序后才能被计算机执行,完成翻译的软件就是计算机语言处理程序中的汇编程序。

机器语言和汇编语言都是面向机器的,能利用计算机的所有硬件特性,是能直接控制硬件、实时能力强的语言,又称为初级语言。

（3）高级语言

高级语言是与计算机结构无关的程序设计语言。它具有较强的表达能力,能更好地描述各种解决问题的算法,容易学习掌握。但是计算机硬件一般不能直接阅读和理解高级语言程序,需要专门的软件来处理。高级语言的源程序可以通过两种方法在计算机上运行。一种是通过编译程序在运行之前将高级语言源程序转换为机器语言的程序;另一种就是通过解释程序逐条解释源程序语句并执行。高级语言是独立于具体的机器系统的,通用性和可移植性大为提高。

图 1-3 为从多个源程序产生可执行文件的过程。

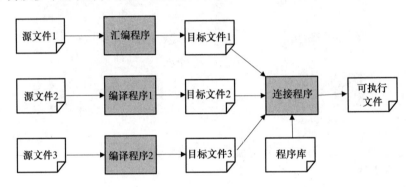

图 1-3　从多个源程序产生可执行文件的过程

1.3.2　计算机系统的层次结构

计算机系统是包括计算机硬件和软件的一个整体,两者不可分割。从计算机使用者的角度,从计算机硬件工程师的角度和从程序设计员的角度,所看到的计算机系统具有完全不同的属性。为了更好地表达和分析这些属性之间的联系,更恰当地确定软件和硬件之间的界面,一般将计算机划分为若干层次。在学习使用计算机和设计计算机时,以层次结构的观点看待计算机,便于理解和设计维护。图 1-4 是一个计算机系统层次结构的模型图。

第 0 级是硬件内核。该层包括计算机各部件的逻辑线路硬件,又称为裸机。硬件内控制信号引导数据的流动,实现用户设计的功能。这一层次是计算机硬件设计人员所熟悉的。

第 1 级是机器语言,是计算机硬件可以读懂,并可以直接操纵计算机硬件工作的二进制信息。这个级别是计算机软硬件的分界面,它之上的级别是软件,体现用户解决问题的思路;它之下是硬件内核,完成指令的功能。这一层次除了计算机的设计者外,很少人能够熟悉和了解。

第 2 级是系统软件。汇编程序、编译程序、解释程序等语言处理程序将程序转换为机器

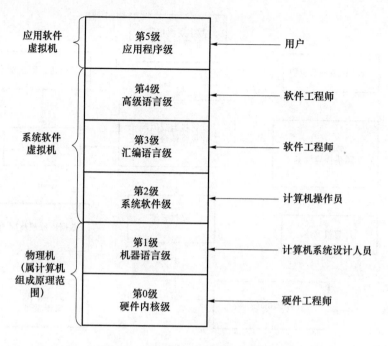

图 1-4　计算机系统层次结构模型图

语言表示的形式。用户通过操作系统可以方便地使用计算机。这个级别是使用计算机的平台，为计算机使用人员所熟悉。

第 3 级是汇编语言。汇编语言级构成了一个汇编语言虚拟机。汇编语言程序员在了解部分计算机硬件资源情况下，通过汇编语言指令系统完成指定的任务。

第 4 级是高级语言。高级语言级构成了一个高级语言虚拟机，对于高级语言程序员来讲，所看到的计算机是一个能够理解接近于人类自然语言的机器，在他完全不了解硬件的情况下，可以要求计算机完成指定的任务。

第 5 级是应用程序。这一级的应用人员，针对某一应用领域或专门问题设计应用软件。处于这个级别的用户可以完全不理解计算机的软件和硬件而使用计算机，他所看到的计算机是建立在大量硬件和软件基础上的智能机器。

计算机系统层次结构划分是相对而言的，并不是一成不变和完全清晰的，存在一定程度的交叉。从功能上来讲，任何可以由软件完成的功能都可由硬件来替代，反过来硬件实现的功能也可以由软件来模拟。硬件意味着速度，软件意味着灵活。大规模集成电路技术的发展，造成硬件成本不断下降，而软件的设计成本不断上升，使得一些本由软件完成的工作改由硬件完成，如软件的固化，造成软硬件界面某种程度的上移。

计算机组成（Computer Organization）主要涉及硬件，是指计算机主要由哪些功能部件组成，各部件之间如何连接。所以计算机组成原理课程涉及的是计算机系统层次结构中的第 0 级和第 1 级。

目前我国大多数高校计算机科学与技术专业的基本课程体系如图 1-5 所示。

从图 1-5 中可以看出，计算机组成原理在计算机类专业的课程地位上起着承上启下、软

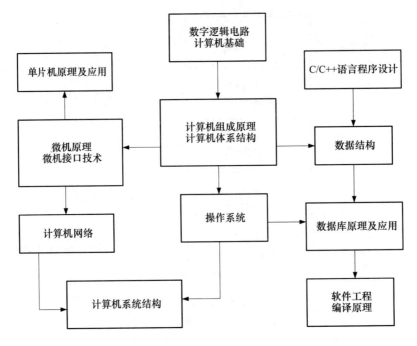

图 1-5 计算机专业基本课程体系简图

硬件兼容的重要作用,处于核心地位,是计算机专业的一门核心课程。

1.4 实 验 设 计

在学习计算机组成原理理论课程的同时,也要通过实践环节来逐步掌握和提高。为了提高学习者的动手能力,本书将介绍以 PC 机、AEDK 模型机和 EL 实验平台为基础的实验项目。

1.4.1 PC 机的硬件组成

(1)了解 PC 个人计算机硬件产品名称及功能模块划分

① 启动一台 PC 个人计算机,按照冯·诺依曼机结构的模块查找相应的产品。

② 在 PC 机中,可以有很多方式获得计算机硬件的信息。写出你知道的几种方式。

(2)PC 个人计算机组装的步骤

将计算机的各个硬件组成部件组装成一台完整的计算机,安装上基本的软件,就可以使用了。计算机硬件组装没有硬性的顺序规定,实际组装中,要根据不同产品结构、特点来决定安装顺序,以安全和便于操作为原则。计算机基本的软件主要是指分区格式化和操作系统安装。

① 计算机硬件组装过程演示视频学习。

② 完成计算机硬件的组装。

1.4.2 AEDK 实验机的硬件组成

为了更好地学习计算机内部各功能模块的工作原理、相互联系,完整地建立计算机的整机概念,我们采用 AEDK CPT 计算机组成原理实验系统作为课程的实验系统。AEDK

CPT 是一个 8 位计算机模型实验系统。通过该实验系统,我们可以完成部件级的实验,也可以完成系统实验,使实验者透彻地剖析计算机的基本组成与工作原理,了解计算机的内部运行机制,掌握计算机系统设计的基本技术,培养独立分析、解决问题,特别是硬件设计与调试方面问题的能力。

　　AEDK CPT 实验系统由两部分组成,左边为实验模块(CPT-A),主要分布着各个实验单元和监控单元。实验机的右边为数据输入输出板(CPT-B),板上分布着 24 个二进制开关、若干个 LED 发光二极管、DIP 插座,还有一块用于显示当前状态的液晶板。CPT-A 上的控制信号通过两根扁平电缆连到了 CPT-B 上。在 AEDK 实验机上,提供了运算器模块、指令部件模块、通用寄存器模块、存储器模块、微程序模块、启停和时序模块、总线传输模块以及监控模块。将实验仪硬件各模块资源进行逻辑组合,构成完整的计算机系统。

　　在各个单元实验模块中,各模块的控制信号都由实验者手动模拟产生,而在微程序控制系统中,是在微程序的控制下,自动产生各种单元模块的控制信号,实现特定指令的功能。

　　本次实验内容为认识和了解 AEDK CPT 实验系统的结构组成部分。

　　(1) 观察实验机组成结构,认识实验机系统各部分组成名称。

　　(2) 对照着实验系统,在逻辑结构图上找出相对应的模块。

　　该实验系统逻辑结构如图 1-6 所示。

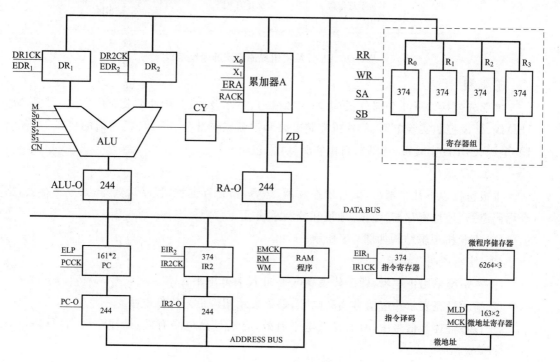

图 1-6　AEDK 实验机逻辑结构图

1.4.3 EL 实验机的硬件组成

（1）EL 计算机组成原理实验系统组成

EL-JY-II 是一个 16 位计算机模型实验系统。系统由两大部分组成,如图 1-7 所示。

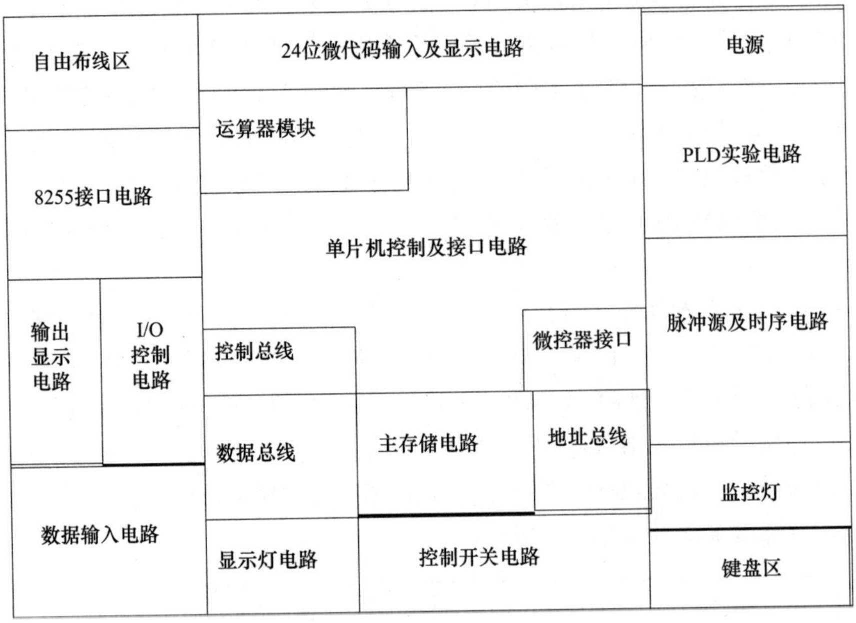

图 1-7 EL 计算机组成原理实验系统组成

① 基板

本部分包括以下几个部分:数据输入和输出、显示及监控、脉冲源及时序电路、数据和地址总线、外设控制实验电路、单片机控制电路和键盘操作部分、与 PC 机通信的接口、主存储器、电源、CPLD 实验板(选件)、自由实验区(面包板)。

② CPU 板

本板包括以下几个部分:微程序控制器,运算器,寄存器堆,程序计数器,指令寄存器,指令译码电路,地址寄存器,数据、地址和控制总线。

EL 实验机逻辑结构如图 1-8 所示。

（2）使用说明及要求

① 本系统采用正逻辑,即 1 代表高电平,0 代表低电平。

② 指示灯亮表示相应信号为高电平,熄灭表示相应信号为低电平。

③ 在各种控制信号中,有的是低电平有效,有的是高电平有效,请注意区别,具体可参见各个实验指导。

④ 总线是计算机信息传输的公共通路。为保证总线信息的正确无误,总线上每次只能有一个控制信号有效,如果同时有两个或两个以上同时为 0(有效),会产生总线竞争而造成错误甚至损坏芯片。故每次操作时均要先使本步骤不用的总线控制信号为 1(无效),再置用到的总线控制信号为 0,每个实验均相同。

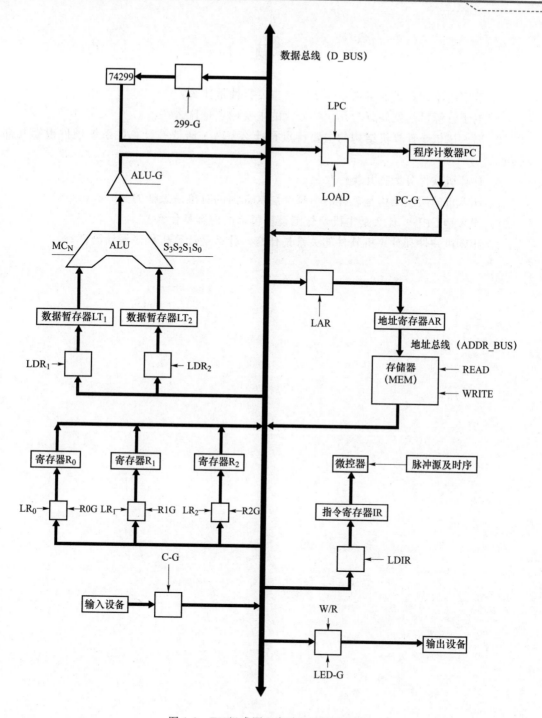

图 1-8　EL 组成原理实验机逻辑结构图

　⑤ 实验连线时应按如下方法：对于横排座，应使排线插头上的箭头面向自己插在横排座上；对于竖排座，应使排线插头上的箭头面向左边插在竖排座上。

习 题 1

1. 数字电子计算机的定义是什么？其主要特性是什么？

2. 电子计算机的发展分为几代？分代的主要标志是什么？

3. 冯·诺依曼计算机结构的主要特点是什么？冯·诺依曼计算机系统硬件由哪几部分组成？

4. 计算机软件分为哪几类？

5. 计算机的层次结构是怎样的？每个层次面向的对象是怎样的？

6. 什么是 CPU？什么是主机？外围设备包括的内容是什么？

7. 计算机硬件和计算机软件的关系是什么？什么是计算机程序设计语言？

第2章　数据的表示

计算机系统是一个复杂的数字系统,由各种基本的数字电路模块组成。计算机能够处理数值、文字、声音、图画和视频等信息,这些信息在计算机内部必须采用计算机能够存储、转换、处理和通信的方式存在,这种形式就是二进制编码形式。这种二进制代码以电压、电流等物理量表示。电压的高低和电流的有无可以表示二进制中的 1 和 0。信息在计算机中以二进制形式存在,使得电路中只需表示两种状态,制造有两个稳定状态的物理器件比制造多个稳定状态的物理器件容易得多,数据的存储、传递和运算可靠性更高,不易受到电路中物理参数变化的影响,结果更加精确。二进制的编码、计数和运算规则都很简单,可以用开关电路实现,简单易行。

2.1　计算机中的基本逻辑电路

1. 基本门电路

门电路是一种进行基本逻辑运算的电路,具有一个或多个输入端,仅有一个输出端。输入输出信号是高电平或者低电平。

各逻辑运算门电路功能:

(1) 与运算:只有当全部输入端都为 1 时,其与运算输出端才等于 1。与运算通常用符号"×"或"∧"或"·"来表示。运算规则如下:

$$0×0=0, 0∧0=0, 0·0=0 \quad 0×1=0, 0∧1=0, 0·1=0$$
$$1×0=0, 1∧0=0, 1·0=0 \quad 1×1=1, 1∧1=1, 1·1=1$$

(2) 或运算:输入端的逻辑变量只要有一个为 1,其或运算输出端结果为 1。或运算通常用符号"+"或"∨"来表示。运算规则如下:

$$0+0=0, 0∨0=0 \quad 0+1=1, 0∨1=1$$
$$1+0=1, 1∨0=1 \quad 1+1=1, 1∨1=1$$

(3) 非运算:非运算又称逻辑否运算。其运算规则为:

$$\overline{0}=1（非 0 等于 1） \quad \overline{1}=0（非 1 等于 0）$$

(4) 与非运算:只有当全部输入端都为 1 时,输出端才为 0;只要有一个输入端处于 0,输出端就输出 1。运算规则是先对输入端做与运算,再对运算结果做非运算。

(5) 或非运算:只要有一个输入端为 1,输出端就输出 0。运算规则是先对输入端做或运算,再对运算结果做非运算。

(6) 异或运算:两个逻辑输入变量相异,输出才为 1。通常用符号"⊕"表示。运算规则为:

$$0⊕0=0 \quad 0⊕1=1 \quad 1⊕0=1 \quad 1⊕1=0$$

(7) 同或运算:两个逻辑输入变量相同,输出才为 1。通常用符号"⊙"表示。运算规则为:

$$0\odot0=1 \quad 0\odot1=0 \quad 1\odot0=0 \quad 1\odot1=1$$

基本的门电路逻辑符号如图 2-1 所示。

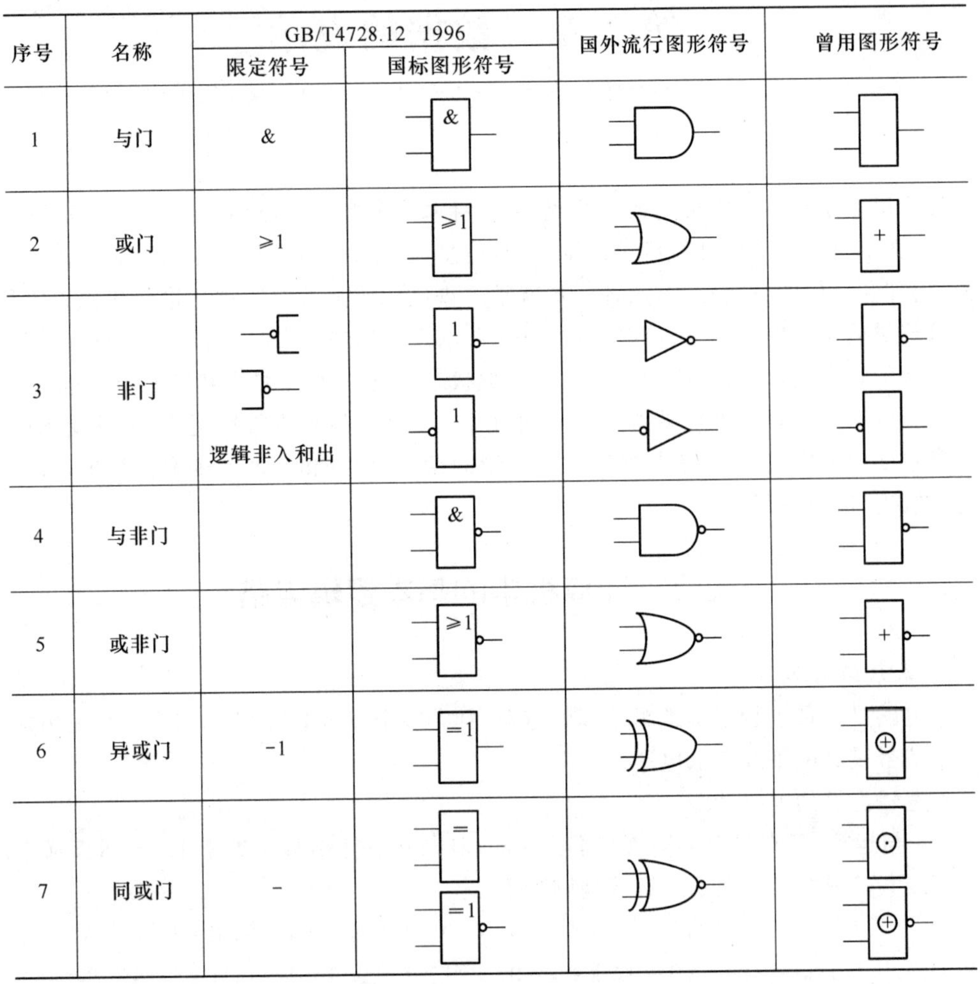

序号	名称	GB/T4728.12 1996		国外流行图形符号	曾用图形符号
		限定符号	国标图形符号		
1	与门	&	&		
2	或门	≥1	≥1		+
3	非门	逻辑非入和出	1 / 1		
4	与非门	&	&		
5	或非门	≥1	≥1		+
6	异或门	-1	=1		⊕
7	同或门	-	= / =1		⊙ / ⊕

图 2-1　门电路的逻辑符号表示

2. 触发器

触发器是一种具有记忆功能的电路,它有 2 个稳定的电路状态,分别表示为 1 状态和 0 状态,称为双稳态电路。触发器可存储 1 位信息,以两种状态之一的形式存在,没有新输入时保持原状态不变。触发器有多种类型,D 触发器是一种常用的触发器。D 触发器逻辑符号和功能表如图 2-2 所示。

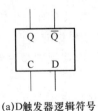

D^n	Q^n	Q^{n+1}
0	0	0
0	1	0
1	0	1
1	1	1

D^n	Q^{n+1}
0	0
1	1

(a)D触发器逻辑符号　　　　(b)D触发器的真值表　　　　(c)D触发器简化的真值表

图 2-2　D 触发器逻辑符号和功能表

3. 寄存器

寄存器由多个 D 触发器组成,可以存放一串 0 和 1 表示的二进制数据。图 2-3 是一个 D 触发器组成的 4 位寄存器。

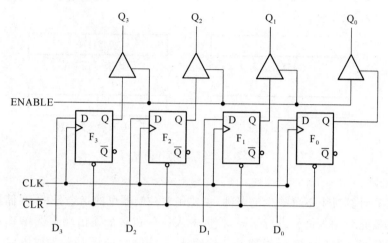

图 2-3　4 位寄存器

图 2-3 中,数据 $D_3 \sim D_0$ 分别接到触发器 $F_3 \sim F_0$ 的 D 端。当时钟信号 CLK 为上升沿时,数据位 $D_3 \sim D_0$ 分别被写入触发器 $F_3 \sim F_0$,即每个触发器的输出端 Q=D。在 CLK 端出现新的上升沿之前,数据在触发器内保持不变。输出允许信号 ENABLE 为高电平时,锁存在触发器内的数据便通过三态门输出,输出端 $Q_3 \sim Q_0 = D_3 \sim D_0$。

移位操作是寄存器中的一种基本逻辑运算,实现将寄存器中的信息向左或向右移动 1 个位置或多个位置。图 2-4 是一个右移寄存器电路,在 CLK 信号上升沿时,每个触发器将输出端的信息送到右边的触发器中,就实现了将触发器保存的数据右移一位的操作。

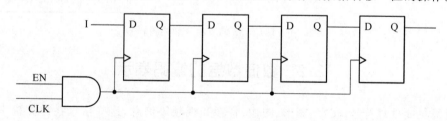

图 2-4　移位寄存器电路

计算机系统通常是对存放在寄存器中的数据进行处理,然后把处理的结果存放在寄存器中。计算机中的寄存器按功能来分,一般有以下几种。

（1）数据寄存器:用来存放运算数据和运算结果。

（2）累加器:运算器中用来暂存运算结果的主要寄存器。

（3）指令寄存器:保存从存储器中读出的程序中要执行的指令。

（4）指令地址寄存器:保存下一条要执行的指令的地址,也叫指令计数器、程序计数器。

（5）地址寄存器:用来保存访问存储器的地址的寄存器。即把要访问的操作数或指令的地址保存在该类寄存器中。

（6）缓冲寄存器:在很多计算机部件之间设置缓冲寄存器,用来实现数据暂存,尤其是部件之间存在速度差异时,用来暂存信息,以取得同步。

表示寄存器的逻辑图如图 2-5 所示。(a)表示寄存器的名称符号表示。(b)表示寄存器的数据按位存放。(c)表示寄存器中各位的编号次序。(d)表示寄存器数据分字段表示,H 表示高位部分,L 表示低位部分。

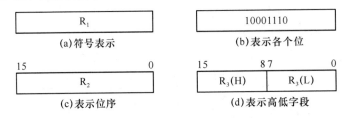

图 2-5　寄存器的各种表示

4. 译码器

译码器是计算机中不可缺少的器件,主要用在控制器里的指令分析,存储器里的地址选择上。译码器是对输入信号进行编码,根据输入信号在多个输出端中选择其中一个输出端有效的译码信号。74LS138 译码器是 3 线输入、8 线输出的译码器集成电路。74LS138 的真值表和逻辑符号如图 2-6 所示。

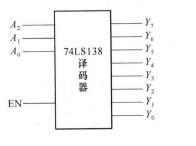

A_2	A_1	A_0	EN	Y_7	Y_6	Y_5	Y_4	Y_3	Y_2	Y_1	Y_0
0	0	0	1	0	0	0	0	0	0	0	1
0	0	1	1	0	0	0	0	0	0	1	0
0	1	0	1	0	0	0	0	0	1	0	0
0	1	1	1	0	0	0	0	1	0	0	0
1	0	0	1	0	0	0	1	0	0	0	0
1	0	1	1	0	0	1	0	0	0	0	0
1	1	0	1	0	1	0	0	0	0	0	0
1	1	1	1	1	0	0	0	0	0	0	0
×	×	×	0	0	0	0	0	0	0	0	0

图 2-6　74LS138 的真值表和逻辑符号

2.2　数值数据的编码表示

计算机能处理符号、文字、图形、图像、音频和视频等信息,这些信息在计算机中的内部硬件上存储和处理,而硬件只能表示两个状态:状态 1 和状态 0,就必须对信息采用不同的编码形式表示。数据编码就是用尽可能少的代码表示各种信息,减少代码的存储量和运算开销。数据编码方法要求编码的格式具有规整性,运算方便。

2.2.1　数制及数制转换

日常生活中都采用十进制数进行计数和计算。十进制数的表示有以下规则:表示数值时,除了正负符号,采用 $0 \sim 9$ 这 10 个数字符号。一个十进制数表示为多个数字符号的排列,数字符号的位置称为位序号 n,小数点往左边算,位序号是 $0,1,\cdots\cdots$依次类推;小数点往右算,位序号是 $-1,-2,\cdots$。处于不同位置的数字符号代表的数值不一样,是该数字符号乘以该位的权数的结果,权数就是 10 的 n 次幂。各位数字符号的数值累加总和就是这个十进制数的实际值。

例如:十进制数 123,由 1,2,3 三个数字符号组成,3 位数字符号的权分别是 $10^2,10^1,10^0$。123 的数值可表示为:$1\times10^2+2\times10^1+3\times10^0$。

基于同样的原理,把十进制的计数方法推广到其他的计数制,可以定义其他的进位制。一般地,在 R 进制下,数 $x_nx_{n-1}\cdots x_1x_0x_{-1}x_{-2}\cdots x_{-m}$ 所代表的值可表示为:

$$x_nR^n+x_{n-1}R^{n-1}+\cdots+x_1R^1+x_0R^0+x_{-1}R^{-1}+x_{-2}R^{-2}+\cdots+x_{-m}R^{-m}$$

其中,R 称为基数,各位数字 $x_i(i=n,n-1,\cdots,1,0,-1,-2,\cdots,-m)$,取值范围在 0 到 $R-1$ 之间。

1. 二进制

在计算机中,数据都采用二进制或二进制编码的形式存在,这是因为计算机中的数以数字电路的物理状态来表示。数字电路的输入或输出只有两种电平,高电平用"1"来表示,低电平用"0"来表示。

二进制是采用 0 和 1 两个符号表示数值。二进制的基数是 2。为了区别二进制和十进制数,二进制书写上采用下标 2,或者用后缀字母 B 标识。如 $(1011)_2$,或者 1011B。十进制书写上采用下标 10,或者用后缀字母 D 标识,或者默认为十进制。如 $(1011)_{10}$,或者 1011D。多位二进制数据中的每一个记数符号的权值是 2^n,n 是该位的位序号。

[例 2-1] 二进制数 01001111B 的数值为多少?

解:$0\times2^7+1\times2^6+0\times2^5+0\times2^4+1\times2^3+1\times2^2+1\times2^1+1\times2^0=1\times2^6+1\times2^3+1\times2^2+1\times2^1+1\times2^0=79$

2. 八进制和十六进制

二进制便于在计算机内部存储和计算,但是表示数据时位数较多,不便于人们书写和记忆。为此,在开发程序、调试程序、阅读程序时,为了书写和阅读方便,经常使用八进制或十六进制数。

八进制数采用 0~7 这 8 个记数符号,基数是 8。书写上采用下标 8,或者用后缀字母 O(为了和 0 区别,也可用 Q)标识。如 $(1011)_8$,或者 1011Q。多位八进制数据中的每一个记数符号的权值是 8^n,n 是该位的位序号。

[例 2-2] 八进制数 1011Q 的数值为多少?

解:$1011Q=1\times8^3+0\times8^2+1\times8^1+1\times8^0=521$。

十六进制采用 0~9,A~F 这 16 个记数符号,基数是 16。书写上采用下标 16,或者用后缀字母 H 标识。如 $(1011)_{16}$,或者 1011H。由于十六进制数中出现了字母符号,为了和计算机中的字符串区分,以字母符号开始的十六进制数,前面写个 0。多位十六进制数据中的每一个记数符号的权值是 16^n,n 是该位的位序号。

[例 2-3] 十六进制数 1011H 的数值为多少?

解:$1011H=1\times16^3+0\times16^2+1\times16^1+1\times16^0=4113$。

表 2-1 列出了十进制 15 以内数据 4 种进位制数之间的对应关系。

3. 进制的运算规则

两个十进制数相加时,逢 10 进 1;两个十进制数相减时,借 1 当 10。

两个二进制数相加时,逢 2 进 1;两个二进制数相减时,借 1 当 2。

两个八进制数相加时,逢 8 进 1;两个八进制数相减时,借 1 当 8。

两个十六进制数相加时,逢 16 进 1;两个十六进制数相减时,借 1 当 16。

[例 2-4]　$N_1=01010011B,N_2=00100100B$。计算 N_1+N_2,N_1-N_2。

解:

$N_1+N_2=01110111$。　　　$N_1-N_2=00101111$。

$$
\begin{array}{r}
01010011 \\
+\ 00100100 \\
\hline
01110111
\end{array}
\qquad
\begin{array}{r}
01010011 \\
-\ 00100100 \\
\hline
00101111
\end{array}
$$

[例 2-5]　$N_1=0BBH,N_2=3AH$。计算 N_1+N_2,N_1-N_2。

解:

$N_1+N_2=0F5H$。　　　$N_1-N_2=81H$。

$$
\begin{array}{r}
BB \\
+\ 3A \\
\hline
F5
\end{array}
\qquad
\begin{array}{r}
BB \\
-\ 3A \\
\hline
81
\end{array}
$$

4. 进制的转换

计算机内部采用二进制编码,计算机外部书写和阅读大都采用十、八、十六进制。因此必须掌握各种进位数制间的转换,十进制 15 以内数据 4 种进位制之间的对应关系如表 2-1 所示。

表 2-1　4 种进位制数之间的对应关系

十进制	二进制	八进制	十六进制	十进制	二进制	八进制	十六进制
0	0000	0	0	8	1000	10	8
1	0001	1	1	9	1001	11	9
2	0010	2	2	10	1010	12	A
3	0011	3	3	11	1011	13	B
4	0100	4	4	12	1100	14	C
5	0101	5	5	13	1101	15	D
6	0110	6	6	14	1110	16	E
7	0111	7	7	15	1111	17	F

(1) R 进制转换为十进制:位权相加法

任何一个 R 进制的数转换成十进制数,只要将每位记数符号乘以该位的权值,再求和。

[例 2-6]　$(10101.01)_2=(\qquad)_{10}$

解:$(10101.01)_2=(1\times2^4+1\times2^2+1\times2^0+1\times2^{-2})_{10}=(21.25)_{10}$

[例 2-7]　$(37.6)_8=(\qquad)_{10}$

解:$(37.6)_8=(3\times8^1+7\times8^0+6\times8^{-1})_{10}=(31.75)_{10}$

[例 2-8]　$(3A.C)_{16}=(\qquad)_{10}$

解:$(3A.C)_{16}=(3\times16^1+10\times16^0+12\times16^{-1})=(58.75)_{10}$

(2) 十进制转换为 R 进制:整数部分采用"除基取余,倒序"法,小数部分采用"乘基取整,顺序"法。基数就是 R。

十进制整数部分转换时,用整数除以基数 R,直到余数为 0。将余数倒序排放,即将先得到的余数放在结果的低位,后得到的余数排在高位。

十进制小数部分转换时,用小数乘以基数 R,取乘积的整数部分作为结果数据小数点后的 1 位数据。乘积的小数部分继续与基数乘,再将乘积的整数部分顺序放到结果数据中,直到乘积小数部分为 0 或已得到希望的小数位数为止。

[例 2-9] $(835.6875)_{10} = ($　　　$)_2 = ($　　　$)_{16}$。

解:

```
 2 | 835
   2 | 417 …………1
      2 | 208 ………1
         2 | 104 ………0
            2 | 52 ………0
               2 | 26 ………0
                  2 | 13 ………1
                     2 | 6 ……1
                        2 | 3 …0
                           2 | 1 …1
                              0 …1
```

```
     0.6875
   ×     2
   ─────────
     1.3750 …1
     0.3750
   ×     2
   ─────────
     0.7500 …0
     0.7500
   ×     2
   ─────────
     1.5   …1
     0.5000
   ×     2
   ─────────
     1.0000 …1
     0.0000
```

$$(835.6875)_{10} = (1101000011.1011)_2$$

```
16 | 835
   16 | 52 …3
      16 | 3 …4
         0 …3
```

```
     0.6875
   ×    16
   ──────────
    11.0000   …B
     0.0000
```

$$(835.6875)_{10} = (343.B)_{16}$$

(3) 二、八、十六进制相互转换

因为 3 位二进制数的组合恰好构成一个八进制位($2^3 = 8$),4 位二进制的组合正好构成一个十六进制位($2^4 = 16$),所以,二进制和八、十六进制的转换可以采用位段转换法。二进制转换为八进制(十六进制)时,以小数点为界,整数部分从低位向高位,小数部分从高位向低位,每 3(4)位二进制数为一组,对应转换为一个八进制(十六进制)符号。一组二进制位数不足时,最低位右边添 0 补足,最高位左边添 0 补足。八(十六)进制转换为二进制时,八(十六)进制的一位改写为 3(4)位二进制即可。

[例 2-10] 将八进制 13.724 转换为二进制。

解:

```
   1   3 .  7   2   4
  001 011 . 111 010 100
```

$$(13.724)_8 = (001011.111010100)_2$$

[例 2-11] 将十六进制数 2B.5E 转换为二进制。

解：

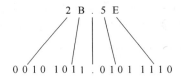

$(2B.5E)_{16} = (00101011.01011110)_2$

[**例 2-12**] 将二进制数 11001.11 转换为十六进制数。

解：

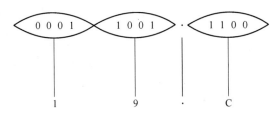

$(11001.11)_2 = (19.C)_{16}$

2.2.2 机器数编码表示

计算机内是用具有两个不同稳定状态的元件来表示数据的,数据在计算机中的表示形式称为机器数。一个机器数所代表的实际数值称为真值。

例如,规定开关闭合为 1,断开为 0。一个二进制数就可以用一排开关表示出来。图 2-7(a) 中开关的状态组合就表示一个二进制数 101101,为了方便描述,用图 2-7(b) 的形式来表示机器数。

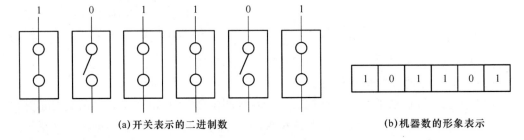

(a) 开关表示的二进制数　　　　　　　　(b) 机器数的形象表示

图 2-7　机器数的表示

数值数据表示在电子元件上,需要解决符号的表示问题、小数点的表示问题,还要考虑数据位的编码问题和运算方法,便于计算机内表示的数据运算。下面分别解决无符号整数、带符号整数、带符号纯小数、实数在机器中的表示方法。因为计算机内部存储、运算和传送数据的部件位数是有限的,所以不管采用哪种表示法,都只能表示一定范围内的有限个数。如果一个数超出了表示的范围,称为"溢出"。所以研究表示方法时,还要研究这种表示方法的数值表示范围。

1. 无符号整数的表示

无符号整数的每一位都是数值位,只能表示正数和零。计算机中表示无符号整数就直接用这个数的二进制表示作为数据的编码(机器数)。

[**例 2-13**] 在 8 位寄存器中表示数据 5。

解：$5D = 00000101B$,寄存器中的表示如图 2-8 所示。

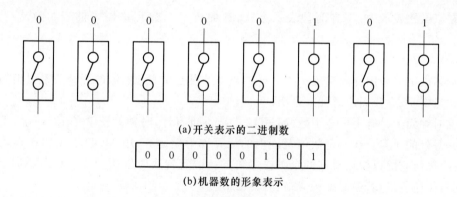

(a) 开关表示的二进制数

0	0	0	0	0	1	0	1

(b) 机器数的形象表示

图 2-8 8 位寄存器中表示数据 5

计算机中能并行传送的最大二进制数位数称为字长,这是由计算机的硬件长度决定的。因为计算机字长有限,所以能够表示的数据大小也是有一定的限制范围的。

对于一个 $n+1$ 位的二进制的定点整数 $X=x_0x_1x_2\cdots x_n$,其中 $x_i=0$ 或 $1,0\leqslant i\leqslant n$,这个数代表的数值是 $x_0 2^n+x_1 2^{n-1}+\cdots+x_{n-1}2^1+x_n 2^0$,可表示的数值范围是 $0\leqslant X\leqslant 2^{n+1}-1$。

在 $n+1$ 位机中,可表示的无符号数据个数是 2^{n+1} 个,也就是 $n+1$ 个具有两种稳定状态的电子元件上可能出现的状态组合个数。

2. 带符号整数的表示

数据的符号只有正、负两种,因此也用两个稳定状态的物理器件表示,一般规定 0 表示正号,1 表示负号。所以在数据表示时,可增加 1 个符号位来表示正负号,一般用机器数的最高位表示符号位。但是仅仅增加符号位还不够,还要考虑数据(尤其是负数)其余位的编码方法和运算方法,以便于数据计算。一个带符号数的编码方法主要有 3 种:原码、补码、反码。

(1) 原码

原码是最容易理解的一种数据编码表示。把一个十进制数转换为二进制数,在最高位加上符号位,就是原码。字长为 n 的机器中,表示一个数据 $X=x_sx_1x_2x_3\cdots x_{n-1}$,其中 x_s 是 $+$、$-$ 符号,其原码的表示形式是:

$$[X]_{原}=\begin{cases}0x_1x_2x_3\cdots x_{n-1}, & 当\ x_s=+ \\ 1x_1x_2x_3\cdots x_{n-1}, & 当\ x_s=-\end{cases}$$

采用原码编码方式存储和处理数据的机器称为原码机。字长为 n 的原码机中能够表示的数据范围是

$$-(2^{n-1}-1)\leqslant X \leqslant (2^{n-1}-1)$$

[例 2-14] 求 $X_1=+1011010B$,$X_2=-1011010B$ 在 8 位寄存器中的原码表示形式。

解:$[X_1]_{原}=[+1011010B]_{原}=01011010$

8 位寄存器

0	1	0	1	1	0	1	0

$[X_2]_{原}=[-1011010B]_{原}=11011010$

8 位寄存器

1	1	0	1	1	0	1	0

[例 2-15] 求 $+0$ 和 -0 在 8 位原码机中的表示形式。

解:$[+0]_{原}=00000000$ $[-0]_{原}=10000000$

在原码的表示中,零有两种表示方式,这使得一个数在机器中的表示形式出现了不一致。

(2) 补码

计算机中一般用补码实现加减运算。补码是根据模概念和数的互补关系引出的一种表示方法,这些概念我们用时钟来说明。

在时钟面上只有 1~12 个数,超过 12 的数不再累计,时钟的模就是 12。1 点、13 点、25 点都是等价的 1 点。在一定数值范围内的运算称为模运算,用 MOD 表示。在模运算系统中,一个数与它除以模后得到的余数是等价的。假定钟表时针指向 10 点,若顺时针拨动 8 格,时针指向 6 点;若逆时针拨 4 格,时针也指向 6 点。

$$(10+8)\,\mathrm{MOD}\,12=6 \qquad 10-4=6$$

所以在模 12 的系统中,18 等价于 6。把 4 称为 8 对模 12 的补数,8 也称为 4 对模 12 的补数。可以看到在模运算中,减去一个数等于加上这个数对模的补数。

计算机中用有限的二进制位来表示数据,对于字长为 n 的计算机,共能表示 2^n 个数据,运算 $X+2^n=X\bmod(2^n)$,因此,计算机中进行的运算是有模运算,模是 2^n。补码正是按补数概念对数据编码的,这样可以用加法实现减法运算。将加减法运算统一起来后,就不必像原码那样考虑符号的异同和数值的绝对值大小问题了。

设一个字长为 n 的带符号数 X 的补码定义为:

$$[X]_{\dot{\nmid}}=2^n+X$$

若 $X>0$,则模作为超出部分被舍弃,正数的补码就是其本身。若 $X<0$,则等于模与该数绝对值之差。

[例 2-16] 在 4 位二进制中,求数据 +5 和 -5 的补码。

解:4 位二进制中,模是 16。

$$[+5]_{\dot{\nmid}}=[+101\mathrm{B}]_{\dot{\nmid}}=16+5=21\bmod 16=5=0101$$
$$[-5]_{\dot{\nmid}}=[-101\mathrm{B}]_{\dot{\nmid}}=16-5=11\bmod 16=11=1011$$

可以看到,正数的补码就是该数的原码;负数的补码符号位为 1,数值部分为真值按位取反后加 1。这种表示方法可以用比较简单的电路实现。

设一个字长为 n 位的带符号数 X 的原码为 $[X]_{原}=x_s x_1 x_2 x_3 \cdots x_{n-1}$,

$$[X]_{\dot{\nmid}}=\begin{cases} 0x_1 x_2 x_3 \cdots x_{n-1} & ,\quad 当\ X\geqslant 0 \\ 1\overline{x_1}\,\overline{x_2}\,\overline{x_3}\cdots\overline{x_{n-1}}+1 & ,\quad 当\ X<0 \end{cases}$$

采用补码编码方式表示数据的机器称为补码机。一个字长为 n 位的补码机中,数据的表示范围为

$$-2^{n-1}\leqslant X\leqslant 2^{n-1}-1$$

[例 2-17] 求 +0 和 -0 在 8 位机中的补码形式。

解:$[+0]_{\dot{\nmid}}=00000000\mathrm{B}$ $\qquad [-0]_{\dot{\nmid}}=1\overline{0000000}+1=00000000\mathrm{B}$

0 的补码只有一种形式,就是 n 个 0,这叫作零元素的唯一性。

[例 2-18] 求 -1 在 n 位机中的补码形式。

解:$[-1]_{\dot{\nmid}}=2^n-|-1|=2^n-1=11\cdots111(n 个 1)$

或采用变反加 1 法求补码:

$$[-1]_{\dot{\nmid}}=1\overline{0000\cdots\overline{1}}+1=1111\cdots0+1=1111\cdots1(n 个 1)$$

[例 2-19]　在一个 8 位寄存器中,比较分别采用原码和补码表示的数据的范围。

解:8 位寄存器中,编码的个数有 $2^8 = 256$ 个。

若采用原码表示法,1 位符号位,7 位数据位,能够表示的数据范围为:$-(2^7-1) \sim (2^7-1)$ 即 $-127 \sim 127$。其中负数 $-127 \sim -1$ 使用 127 个编码,$+0$、-0 使用 2 个编码,$+1 \sim +127$ 使用 127 个编码。一共 256 个编码。

若采用补码表示法,1 位符号位,7 位数据位,能够表示的数据范围为:$-2^7 \sim (2^7-1)$ 即 $-128 \sim 127$。其中负数 $-128 \sim -1$ 使用 128 个编码,$+0$、-0 使用 1 个编码,$+1 \sim +127$ 使用 127 个编码。一共 256 个编码。

可以看出,原码的表示是对称的,补码的表示不对称。补码比原码的表示范围多一个最小负数。

（3）变形补码

为了判断补码数据运算结果是否溢出,某些计算机中还采用变形补码表示方式,也称为模 4 补码,因为它相当于数据对 4 取模的结果。

对于一个 $n+1$ 位的机器中,设符号位 2 位,数值部分 $n-1$ 位,则数据 X 的变形补码为

$$[X]_{变补} = \begin{cases} X, & 0 \leq X < 2^n \\ 2^{n+2} + X, & -2^n \leq X < 0 \end{cases}$$

变形补码也可以看作是补码的符号位用 2 位表示,正数符号位用 00 表示,负数符号位用 11 表示的。若结果出现符号位为 01 或 10,则结果数据溢出。

[例 2-20]　已知 $X = -1011B$,求 8 位机中 X 的变形补码。

解:$[X]_{变补} = 2^8 + (-1011B) = 100000000B - 1011B = 11110101$

（4）反码

在补码机中,负数的补码是由原码数值各位变反加 1 得到的,那么在数值各位变反还未加 1 时出现的编码形式,就称为反码。

设一个字长为 n 位的带符号数 X 的原码为 $[X]_{原} = x_s x_1 x_2 x_3 \cdots x_{n-1}$,

$$[X]_{反} = \begin{cases} 0 x_1 x_2 x_3 \cdots x_{n-1}, & 当 X \geq 0 \\ 1 \overline{x_1} \, \overline{x_2} \, \overline{x_3} \cdots \overline{x_{n-1}}, & 当 X < 0 \end{cases}$$

正数的反码与原码相同,负数的反码为原码数值位逐位取反,但符号位保持不变。

一个字长为 n 位的机器中,数据的表示范围为 $-(2^{n-1}-1) \leq X \leq (2^{n-1}-1)$

反码表示中,0 有 2 个编码。

$$[+0]_{反} = 000 \cdots 0$$

$$[-0]_{反} = 111 \cdots 1$$

由于反码运算不方便,所以计算机中不采用反码进行数值计算。

3. 带符号纯小数的表示

计算机只能识别和表示"0"和"1",而无法识别小数点。所以必须解决小数点的表示问题。计算机中采用定点与浮点规则来解决这个问题。所谓定点数,就是小数点位置在机器数中固定不变的数。使用定点数的计算机称为定点机。小数点在数中的位置是隐含约定的,并不占位空间。小数点的位置可以设置在任何数位,但通常采用两种类型的定点数表示。一种是把小数点约定在最低位的右面,这样机器数表示的就是定点整数。另一种是把小数点固定在符号位和最高数值位之间,即纯小数表示,这样表示的机器数

称为定点小数。

（1）定点数表示方法

定点纯整数的格式如图 2-9 所示，定点纯小数的格式如图 2-10 所示。

图 2-9　带符号定点整数格式　　　　图 2-10　定点小数格式

对于纯小数来说，数值位部分只表示小数点后的尾数部分，小数点和整数部分的 0 不表示。书写时为了表示机器数是定点纯小数，在符号位和数值位之间写一个小数点。

为了便于运算，定点数的数值位也采用原码、补码等编码方法。定点小数原码就是小数数值位的绝对值部分。定点纯小数的模是 2，所以定点小数 X 的补码表示为 $[X]_补 = 2 + X$。设一个字长为 n 的带符号小数 $X = x_s.x_1 x_2 \cdots x_{n-1}$

$$[X]_补 = \begin{cases} 0x_1 x_2 \cdots x_{n-1} & ，\quad 当\ X \geqslant 0 \\ 1\overline{x_1}\ \overline{x_2} \cdots \overline{x_{n-1}} + 1 & ，\quad 当\ X < 0 \end{cases}$$

[例 2-21]　求 $X_1 = +0.1011010B，X_2 = -0.1011010B$ 在 8 位机器中的定点原码表示形式。

解：$[X_1]_原 = [+0.1011010B]_原 = 0.1011010$

8 位寄存器

0	1	0	1	1	0	1	0

$[X_2]_原 = [-0.1011010B]_原 = 1.1011010$

8 位寄存器

1	1	0	1	1	0	1	0

[例 2-22]　求 8 位机中 $X = -0.1011010B$ 的补码。

解：$[X]_补 = 2 - 0.1011010B = 1.0100110$

$[X]_补 = 1.\overline{1011010} + 1(末尾) = 1.0100101B + 2^{-7} = 1.0100110$

8 位寄存器

1	0	1	0	0	1	1	0

（2）定点小数表示范围

在字长 n 位的计算机中，定点原码小数的表示范围是 $-(1 - 2^{-(n-1)}) \leqslant X \leqslant (1 - 2^{-(n-1)})$。

在原码表示中，正数和负数表示的个数一样多，零有两个编码。

在字长 n 位的计算机中，定点补码小数的表示范围是 $-1 \leqslant X \leqslant (1 - 2^{-(n-1)})$。

在补码表示中，负数比正数多表示一个，零有唯一的编码，即 $000\cdots0$。

4．实数的表示

定点数的表示比较单一，要么纯整数，要么纯小数，而且表示数的范围比较小，运算过程中很容易发生溢出。在十进制数的表示方法中，有一种科学计数法，可用来表示数值很大或很小的数，也可以用来表示既有整数又有小数的数，即实数。例如，$123.456 = 0.123456 \times 10^3$。计算机中也引入类似的表示方法来表示实数，称为浮点数表示法，在这种表示法中，小数点的位置是不固定的。

（1）浮点数表示法

对任意一个二进制数 X，可以表示成 $X = (-1)^s \times M \times R^E$。

其中 S 为符号位，0 表示正数，1 表示负数，表示整个数据的正负；M 为尾数，是一个二进制定点小数,可以采用原码或补码编码方式;E 为阶码,是一个二进制定点整数,是指数部分的编码,代表小数点的位置,常用移码或补码表示;R 是基数,可以取值 $2,4,16$ 等。一台浮点机中基数是固定的,所以,基数不需要用代码表示。计算机中典型的浮点数格式如下:

阶符	阶码	尾符	尾数

[例 2-23]　设机器字长 10 位,采用浮点表示法表示数据,格式规定如下:1 位阶符,3 位阶码,1 位尾符,5 位尾数。基数为 2。其中阶码和尾数采用原码编码。写出数据 $X=-0.00011010B$ 的机器数形式。

解: ① 先将数据表示成科学计数法形式:$X=0.00011010=0.11010 \times 2^{-11}$

② 分别表示各部分:阶符:$-$　表示为 1

阶码原码:011

尾符:1

尾数原码:11010

③ 机器数形式$[X]_浮 = 1011111010$

[例 2-24]　设机器字长 10 位,采用浮点表示法表示数据,格式规定如下:1 位阶符,3 位阶码,1 位尾符,5 位尾数。基数为 2。其中阶码和尾数采用补码编码。写出数据 $X=-0.00011010B$ 的机器数形式。

解: ① 先将数据表示成科学计数法形式:$X=0.00011010=0.11010 \times 2^{-11}$

② 分别表示各部分:阶符:$-$　表示为 1

阶码补码:101

尾符:1

尾数补码:00110

③ 机器数形式$[X]_浮 = 1101100110$

(2) 移码

浮点数的阶码一般用移码表示,因为浮点数在进行加减运算时,要比较两个浮点数的阶码大小,为了简化比较操作,使操作过程不涉及阶的符号,可以对每个阶码都加上一个正的常数(称为偏置常数),使所有阶都转化为正整数,这就是移码表示。

对于字长为 n 的机器,X 所对应的移码定义为

$$[X]_移 = 2^{n-1} + X \qquad (-2^{n-1} \leq X < 2^{n-1})$$

当 $X>0$ 时,X 最高位加 1,符号位为 1;当 $X<0$ 时,2^{n-1} 减去 X 的绝对值,符号位为 0。可见,一个真值 X 的移码和它的原码、反码、补码的符号位正好相反。

因为字长为 n 的机器中,$[X]_补 = 2^n + X = 2^{n-1} + 2^{n-1} + X = 2^{n-1} + [X]_移$

所以,求 X 数的移码,可以简单地将补码的符号位取反即可。

[例 2-25]　$X_1 = +1011B, X_2 = -1011B$,求 8 位机中 X_1 和 X_2 的移码。

解: $[X_1]_移 = 2^7 + X_1 = 10000000B + 1011B = 10001011$

$[X_2]_移 = 2^7 + X_2 = 10000000B + [-1011B] = 01110101$

0	1　　　7	8　　　　　　　　　31
数符	阶码	尾数

图 2-11　IBM370 浮点机中短浮点数格式

[例 2-26]　IBM370 浮点机中短浮点数格式如图 2-11 所示。

说明如下。

0 位:数符

1～7 位:7 位移码表示的阶码

8～31 位:6 位 16 进制原码小数表示的尾数(尾数基数为 16)

解:将十进制数 65798 转换为 IBM370 的浮点数格式。

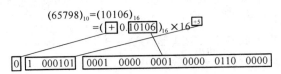

$(65798)_{10} = (10106)_{16}$

$\quad\quad = (\boxed{+}\ 0.\boxed{10106})_{16} \times 16^{+5}$

| 0 | 1　000101 | 0001　0000　0001　0000　0110　0000 |

（3）浮点数的规格化

浮点数尾数的位数表示数的有效位数,有效位数越多,数据的精度就越高。为了充分利用尾数的二进制位数来表示更多的有效位数,通常采用浮点数的规格化形式。当基数为 2 时,规格化要求尾数的绝对值大于或等于 1/2,并且小于或者等于 1。这样,当尾数与符号位采用原码编码时,尾数数值最高位应为 1;当采用补码编码时,规定尾数的最高位与符号位相反。当不符合这种规定的数据出现时,可以通过修改阶码并同时移动尾数的办法使其满足规格化要求。

规格化操作有两种:左规和右规。若采用变形补码表示尾数,如果前 3 位为 00.1 或 11.0,则浮点数就是规格化的。如果前 3 位是 00.0 或 11.1,就是非规格化的,需要采用左规操作。左规是尾数每左移一位,末尾补 0,阶码就减 1。若尾符为 01 或 10,并不表明该浮点数溢出,可以通过右规操作,把尾数每右移一位,符号位扩展,阶码就加 1,再来判断阶码是否溢出。若阶码溢出,则该浮点数溢出。

[例 2-27]　已知补码浮点机格式规定为 1 位阶符,3 位阶码,2 位尾符,4 位尾数。判断下面 2 个浮点数 $[X]_浮 = 0010000100$,$[Y]_浮 = 0001010000$ 是否是规格化的,若不是,则写出规格化的表示。

解:$[X]_浮 = 0\ 010\ 00\ 0100$,因为尾符为 00,尾数的最高位为 0,所以,是非规格化的。采用左规操作,将尾符和尾数一起左移一位,尾数末尾加 0 变成 1000。阶码减 1,从 0 010 变成 0 001。所以规格化后 $[X]_浮 = 0001001000$。

$[Y]_浮 = 0\ 001\ 01\ 0000$,因为尾符为 01,所以需要右规。尾符和尾数一起右移,高位符号位扩展,变为 00 1000。阶码加 1,从 0 001 变成 0 010。所以规格化以后,$[Y]_浮 = 0010001000$。

（4）浮点数表示范围

浮点数编码法表示的数据是离散的值,而不是连续的值,它扩大了数值表示的范围,但未增加数值表示的个数。

对于基数为 2,阶码 k 位(含 1 位阶符),尾数 m 位(含 1 位数符),规格化表示的浮点数如下。

最大正数为:$+(1 - 2^{-m+1}) \times 2^{(2^{k-1}-1)}$

最小正数为:$+\dfrac{1}{2} \times 2^{(-2^{k-1})}$

最大负数为:$-\left(\dfrac{1}{2} + 2^{-m+1}\right) \times 2^{(-2^{k-1}-1)}$

最小负数为：$-1\times 2^{(2^k-1-1)}$

当浮点数的尾数为 0，阶码取任何值其值都为零，这样的数称为机器零。所以机器零是不唯一的。当一个数的大小超出了浮点数的表示范围，称为溢出。溢出判断只对规格化数的阶码进行判断。当阶码小于机器能表示的最小阶码时，称为下溢。此时一般当作机器零处理。当阶码大于机器能表示的最大阶码时，称为上溢。

2.2.3 机器数表示形式的变换

真值是数据的实际值，机器数是数据在机器内的表示、运算形式，需要掌握各种机器数表示形式之间、真值和机器数之间的转换方法。

1. 机器数转换为真值

根据机器数的定义，可以反运算求出真值。

（1）已知原码求真值：将原码机器数的符号位转换为＋、－号，数值部分就是真值的二进制数值。

[例 2-28]   8 位原码机中数据为 11100111，求真值。

解：原码数据最高位是符号位：1 表示－

后面 7 位是真值数据位 1100111B。所以二进制真值是－1100111B＝－103D

（2）已知补码求真值：设 x_0 为补码符号，X 为真值，补码表示规则为 $[X]_{\text{补}}=2^n x_0+X$。则真值 $X=-2^n x_0+[X]_{\text{补}}$。

若 x_0 是 0，则 $X=+[X]_{\text{补}}$。

若 x_0 是 1，$X=-2^n+[X]_{\text{补}}=-(2^n-[X]_{\text{补}})=(2^n-1-[X]_{\text{补}}+1)$

可见，若补码符号位是 0，则真值为正数，补码数据位就是真值数据位。若补码符号位为 1，则真值为负数，真值数据位等于补码数据位取反加 1。

[例 2-29]   已知 $[X]_{\text{补}}=1011010$，求真值 X。

解：根据机器数可知 $n=7$；最高符号位为 1，真值为负数。$X=-100110B$

2. 补码移位运算

在计算机内部，可以通过移位寄存器对数据进行移位。对机器数右移一位，意味着原数值缩小一半，为原数的 1/2；而左移一位，原数扩大一倍，为原数的 2 倍。补码移位规则如下。

左移：高位移出，末位补 0。移出的位不同于符号位，则溢出。

右移：高位补符号位，低位移出。

[例 2-30]   已知 $[X]_{\text{补}}=1.1010110$，求 $[X/2]_{\text{补}}$。

解：

$$[X]_{\text{补}}=1.1010110$$

$$[X/2]_{\text{补}}=1.1101011$$

[例 2-31]   已知 $[X]_{\text{补}}=1.1010110$，求 $[2X]_{\text{补}}$。

解：

$$[X]_{\text{补}}=1.1010110$$

$$[2X]_{\text{补}}=1.0101100$$

判断溢出：移出位为 1，符号位为 1，未发生溢出。

[例 2-32] 已知$[X]_补=1.1010110$，求$[4X]_补$。

解：

$$[X]_补=1.1010110$$

$$[2X]_补=1.0101100$$

$$[4X]_补=0.1011000$$

$[4X]_补=0.1011000$

判断溢出：移出位为 1，现符号位为 0，发生溢出。

3. 补码取负运算

设 x_0 是符号位，X 是真值，因为 $[X]_补=2^n x_0+X$，所以 $[-X]_补=2^n \overline{x_0}+(-X)=2^n-[X]_补=2^n-1-[X]_补+1$。可见，对 $[X]_补$ 连同符号位按位取反加 1，即可得 $[-X]_补$。

[例 2-33] 已知 $[X]_补=1011010$，求 $[-X]_补$。

解：

$$[X]_补=1011010$$
$$0100101$$
$$+1$$
$$\overline{[-X]_补=0100110}$$

4. 补码填充运算

计算机内部，有时需要将短数扩展为一个长数，此时需要进行填充处理。补码定点小数填充在末尾补 0。定点整数符号位不变，在符号位后用数符补足所有位数。

[例 2-34] 求 $[X]_补=111010$ 在 8 位机和 16 位机中的补码表示形式。

解：

$$[X]_补=\quad 111010$$

8 位机$[X]_补=\boxed{11}111010$　　16 位机$[X]_补=\boxed{111111111\ 1}111010$

8 位补码：11111010

16 位补码：11111111 11111010

2.2.4 十进制数的二进制编码表示

在计算机中一般是把十进制数转换为二进制数进行处理的。但是在一些场合中，要求直接采用十进制数计算。在一些计算机中，采用一种用二进制编码的十进制数来表示数值数据，有些还有专门的十进制运算指令，并设计专门的十进制运算逻辑电路。

将每一个十进制数位用 4 位二进制位来表示。选取 4 位二进制位 16 种状态中的十种表示十进制数位 0~9。这种十进制数用二进制编码的形式称为 BCD 码。BCD 码有多种，其中最常用的是 8421 码，它选取 4 位二进制数按计数顺序的前十种与十进制数字相对应。二进制数中每位的权从左到右分别为 8，4，2，1，因此称为 8421 码。表 2-2 中为常用的 4 位有权码。

使用 BCD 码会耗费较多的设备量。例如，数据 1000 存放在计算机内，采用 BCD 码存放时，需要 $3\times4=12$ 位的设备量。而采用二进制编码时，只需 10 位即可。

[**例 2-35**] 请写出十进制数 15 的 8421 码和二进制编码。

解：$(15)_{10} = (00010101)_{8421} = (1111)_2$

BCD 码在存储器内有两种存储方式，即压缩 BCD 码和非压缩 BCD 码。

（1）非压缩 BCD 码：一个字节存储空间只存放一个 BCD 码。

（2）压缩 BCD 码：一个字节存放两个 BCD 码。

BCD 码两种存储方式见图 2-12 所示。

表 2-2 4 位有权码

十进制数字	8421 码	2421 码	5211 码	84-2-1 码	4311 码
0	0000	0000	0000	0000	0000
1	0001	0001	0001	0111	0001
2	0010	0010	0011	0110	0011
3	0011	0011	0101	0101	0100
4	0100	0100	0111	0100	1000
5	0101	1011	1000	1011	0111
6	0110	1100	1010	1010	1011
7	0111	1101	1100	1001	1100
8	1000	1110	1110	1000	1110
9	1001	1111	1111	1111	1111

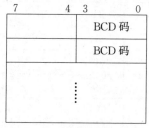
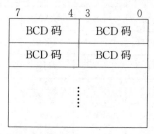

（a）非压缩的 BCD 码   （b）压缩 BCD 码

图 2-12 BCD 码的存储方式

2.3 非数值数据的编码表示

计算机中除了进行数值运算外，还要大量地处理逻辑数据、字符文字、图像、声音、视频等数据，这些信息在计算机内部都必须以"0""1"序列编码形式表示。

2.3.1 逻辑数据

逻辑数据是表示事物相对立的两种可能值，比如"真"或"假"，"是"或"否"等。逻辑数据在计算机中也是用一位二进制数表示，一个事件成立用 1 表示，不成立用 0 表示。有时用 n 位二进制位表示 n 个逻辑数据，其中的每一位代表的是逻辑概念的 0 和 1。逻辑数据只能参加逻辑运算,按位进行运算,如"与""或"、逻辑左移、逻辑右移等。

2.3.2 西文字符

西文字符是指由拉丁字母、数字、标点符号及一些特殊符号组成的字符集。西文字符的编码方案有多种,目前国际上普遍采用的是美国国家信息交换标准代码(American Standard Code for Information Interchange,ASCII 码)。ASCII 码编码标准中规定 8 位二进制数中最高位为 0,余下 7 位可以有 128 个编码,表示 128 个字符。ASCII 字符编码集如表 2-3 所示。

表 2-3 ASCⅡ 字符编码表

	$b_6 b_5 b_4 =$ 000	$b_6 b_5 b_4 =$ 001	$b_6 b_5 b_4 =$ 010	$b_6 b_5 b_4 =$ 011	$b_6 b_5 b_4 =$ 100	$b_6 b_5 b_4 =$ 101	$b_6 b_5 b_4 =$ 110	$b_6 b_5 b_4 =$ 111
$b_3 b_2 b_1 b_0 = 0000$	NUL	DLE	SP	0	@	P	`	p
$b_3 b_2 b_1 b_0 = 0001$	SOH	DC1	!	1	A	Q	a	q
$b_3 b_2 b_1 b_0 = 0010$	STX	DC2	"	2	B	R	b	r
$b_3 b_2 b_1 b_0 = 0011$	ETX	DC3	#	3	C	S	c	s
$b_3 b_2 b_1 b_0 = 0100$	EOT	DC4	$	4	D	T	d	t
$b_3 b_2 b_1 b_0 = 0101$	ENQ	NAK	%	5	E	U	e	u
$b_3 b_2 b_1 b_0 = 0110$	ACK	SYN	&	6	F	V	f	v
$b_3 b_2 b_1 b_0 = 0111$	BEL	ETB	'	7	G	W	g	w
$b_3 b_2 b_1 b_0 = 1000$	BS	CAN	(	8	H	X	h	x
$b_3 b_2 b_1 b_0 = 1001$	HT	EN	)	9	I	Y	i	y
$b_3 b_2 b_1 b_0 = 1010$	LF	SUB	*	:	J	Z	j	z
$b_3 b_2 b_1 b_0 = 1011$	VT	ESC	+	;	K	[	k	{
$b_3 b_2 b_1 b_0 = 1100$	FF	FS	,	<	L	\	l	|
$b_3 b_2 b_1 b_0 = 1101$	CR	GS	~	=	M	]	m	}
$b_3 b_2 b_1 b_0 = 1110$	SO	RS	.	>	N	ˆ	n	~
$b_3 b_2 b_1 b_0 = 1111$	SI	US	/	?	O	_	o	DEL

通用键盘的大部分键,与最常用的 ASCII 编码的字符相对应。当敲击键盘上某字符键时,由译码电路产生与该字符对应的 ASCII 码。计算机中对 ASCII 码的信息处理主要是字符串的比较、插入、删除等。计算机处理的结果通常以 ASCII 码形式传送到输入输出设备,可供显示与打印使用。

2.3.3 汉字字符

计算机要对汉字进行处理,必须对汉字进行编码。汉字的总数超过 6 万字,数量巨大,在编码时既要考虑编码的紧凑性以减少存储量,又要考虑输入的方便性。为了适应汉字信息处理的不同需要,汉字编码方案根据用途可分为三类:汉字输入码、汉字内码和汉字字模码。

（1）汉字输入码

计算机键盘是为西文输入设计的。为了利用西文键盘输入汉字,需要建立汉字和键盘按键之间的对应规则。将每个汉字用一组键盘按键表示,这样形成的汉字编码成为汉字输入码。常见的汉字输入码有数字编码(如区位码等)、字音编码(如微软拼音输入法等)和字形编码(如五笔字型码等)。

（2）汉字内码

为了使汉字信息交换有一个通用的标准,1981 年我国制定推行了《信息交换用汉字编码字符集(基本集)》(GB 2312-80)。该标准选出 3 755 个常用汉字,3 008 个次常用汉字,一共 6 763 个汉字,为每个汉字规定了标准代码,以供汉字信息在不同计算机系统之间交换使用。这个标准称为国标码,又称国标交换码。GB 2312 国标字符集中为每个字符规定了一个唯一的二进制代码。每个编码字长为 2 个字节,每个字节占用 7 位二进制,最高位为 0。这个 14 位的代码表示该字符在字符集集表中的区号和位号。

为了信息处理和存储方便,以及与 ASCII 码兼容,计算机系统将汉字国标码的每个字节的最高位置 1,作为该汉字的"机内码",即汉字内码。目前 PC 机中汉字内码的表示大多数采用此种方式。

（3）汉字字模码

经过计算机处理后的汉字,如果需要在屏幕上显示或打印出来,则必须将汉字机内码转换成人们可以阅读的形式。每一个汉字的字形首先预存在计算机内,GB 2312 国标汉字字符集中的所有字符的字形信息集合在一起称为字形信息库。不同的字体(如宋体、楷体等)对应着不同的字形库。需要显示一个汉字时,首先根据汉字机内码到字形库检索出该汉字的字形信息,然后传送到相应的设备输出。

汉字的字形主要有两种描述方法:字模点阵描述和轮廓描述。字模点阵就是将汉字用 n 行×n 列点的方阵来表示,在字符中有点的地方用"1"表示,没点的地方用"0"表示,这样形成的二进制点阵数据称为汉字的字模点阵码。汉字的轮廓描述法是把汉字笔画的轮廓用一组直线和曲线来描述,记下每一直线和曲线的数学描述公式。

2.3.4 多媒体信息

计算机还能对图画、声音和视频等信息进行各种处理,这些信息必须能在计算机内部用二进制数据形式进行描述。

1. 图的编码表示

计算机内的图有两种表示形式:图像和图形。

图像表示法类似于汉字的字模点阵码。把原始图像离散成 $m×n$ 个像素点所组成的一个矩阵。每个像素的颜色或灰度用二进制数表示。颜色深度越多,描述一个像素的二进制位数越大。

图形表示法是将画面中的内容用几何元素(如点、线、面、体)和物体表面材料与性质和环境的光照位置等信息来描述。

2. 声音的编码表示

计算机处理的声音分为三种。一种是语音,即人说话的声音。一种是音乐,即各种乐器演奏的声音。一种是效果音,如掌声、爆炸声等。计算机内部用波形法和合成法两种方法来表示声音。

从物理学的角度看,声音可以是用一种连续的随时间变化的声波波形来表示。计算机要表示和处理声音,必须将声波波形转换为二进制表示形式,这个转换过程称为声音的"数字化编码"。声音数字化编码过程分为三步。

(1) 采样:以固定的时间间隔对声音波形进行数据采集,使连续的声音波形变成一个个离散的样本值。每秒钟采样的次数被称为采样频率。采样频率越高声音的质量越好。通常计算机采用的采样频率有 44.1 kHz、22.05 kHz 和 11.025 kHz。

(2) 量化:对采样的每个样本值用一个二进制数字量来表示。转换的二进制位数越多,量化精度越高,声音的质量越好,一般有 16 位或 8 位。

(3) 编码:对产生的二进制数据进行编码,按照规定的格式进行表示。

声音的合成法是把音乐的乐谱、弹奏的乐器类型、击键力度等用符号记录,适用于音乐在计算机内部的表示。目前广泛采用的一种标准是 MIDI(Musical Instrument Digital Interface)。

为了处理上述两类数字声音信息,计算机内部都有一个相应的声音处理硬件,如声卡。声音处理硬件用来对各种声音输入设备(如麦克风)输入的声音进行数字化编码处理,保存为数字声音信息。并能将计算机内部的数字声音还原为模拟信号声音,经功率放大后送到声音输出设备(如音箱)输出。

3. 视频信息的表示

视频信息的信息量最丰富。视频信息的处理是计算机多媒体技术的核心。计算机通过视频获取设备(如视频卡),将视频信号转换为计算机内部的二进制数字信息,这个过程称为视频信号的"数字化"。对一幅彩色画面的亮度、色差进行采样和量化,得到一幅数字图像。视频信息的数字化过程以一幅幅彩色画面为单位进行的,所以数字视频信息的数据量非常大,解决这个问题采用压缩编码技术。

2.4 数据校验码

数据在计算机中生成、存储、处理和传输过程中,由于元器件故障或噪声干扰等都可能会发生错误。为了减少和避免这些错误,除了提高硬件的可靠性外,可以在数据编码上,采用检测和纠正错误的措施,使得出现错误时可以发现错误并确定错误的位置,以便纠正错误。在数据编码中,能够发现错误的编码叫作检错码;能够纠正错误的编码叫作纠错码。能够检测或纠正编码中错误的信息编码,称为数据校验码,可以提高计算机的可靠性。

目前的数据校验法大多采用"冗余校验"的思想,即除原数据信息外,还增加若干位新编码,这些编码称为校验码。常用的数据校验码有奇偶校验码、海明校验码和循环冗余校验码等。

2.4.1 奇偶校验码

奇偶校验法是在信息位中增加一位校验位代码,能够检测出代码中的奇数个位的错误,但不能纠正错误。常用于存储器读写检查或按字节传输数据过程中的数据校验。奇偶校验码包括奇校验码和偶校验码两种。

（1）奇偶校验位生成过程

数据在存储和传输时首先需要加上校验位 P。奇（偶）校验位的生成过程如下：假设源数据为 $B=b_{n-1}b_{n-2}\cdots b_1b_0$。若采用奇校验位，则 $P=b_{n-1}\oplus b_{n-2}\oplus\cdots\oplus b_1\oplus b_0\oplus 1$，即若源数据 B 有奇数个 1，则 P 取 0，否则取 1，也就是保证加上校验位之后的数据编码中有奇数个 1。若采用偶校验位，则 $P=b_{n-1}\oplus b_{n-2}\oplus\cdots\oplus b_1\oplus b_0$，即若源数据 B 有偶数个 1，则 P 取 0，否则取 1，也就是保证加上校验位之后的数据编码中有偶数个 1。

[例 2-36] 要从源部件发送数据 01101010 到终部件。请写出采用奇校验法的过程。

解：$P=0\oplus 1\oplus 1\oplus 0\oplus 1\oplus 0\oplus 1\oplus 0\oplus 1=1$

数据增加奇校验位后的编码为：011010101。

（2）奇偶校验码的检错过程

假设源数据信息和校验位经存储或传送后读出的新编码中数据部分为 $B'=b'_{n-1}b'_{n-2}\cdots b'_1b'_0$，校验位部分为 P''。为了判断源数据 B 是否在存储和传送后发生了错误，在奇偶校验电路中进行检错。

① 首先对 B' 求新校验码 P'。

若采用奇校验法：$P'=b'_{n-1}\oplus b'_{n-2}\oplus\cdots\oplus b'_1\oplus b'_0\oplus 1$

若采用偶校验法：$P'=b'_{n-1}\oplus b'_{n-2}\oplus\cdots\oplus b'_1\oplus b'_0$

② 计算最终的校验位 P^*，根据其值判断有无奇偶错

$P^*=P'\oplus P''$。若 $P^*=1$，则表示数据存在有奇数位错。若 $P^*=0$，则表示数据正确或有偶数个错。

在奇偶校验码中，若两个数据有奇数位不同，则它们相应的校验位就不同；若有偶数位不同，则虽然校验位相同，但至少两位数据不同。因此奇偶校验码只能发现奇数位错，不能发现偶数位错，而且不能确定发生错误的位置，因而不具有纠错能力。

[例 2-37] 在计算机中采用奇校验法，数据从源部件发送到终部件，校验位在新编码的最后一位。若终部件得到的编码分别为 011010100、011010110、011010111，判断这 3 个数据是否发生了错误。

解：① 编码 011010100 检错过程

$B'=01101010$，$P''=0$。$P'=0\oplus 1\oplus 1\oplus 0\oplus 1\oplus 0\oplus 1\oplus 0\oplus 1=1$。$P^*=P'\oplus P''=1$。该编码有奇数位编码错。

② 编码 011010110 检错过程

$B'=01101011$，$P''=0$。$P'=0\oplus 1\oplus 1\oplus 0\oplus 1\oplus 0\oplus 1\oplus 1\oplus 1=0$。$P^*=P'\oplus P''=0$。该编码无错或有偶数个错。

③ 编码 011010111 检错过程

$B'=01101011$，$P''=1$。$P'=0\oplus 1\oplus 1\oplus 0\oplus 1\oplus 0\oplus 1\oplus 1\oplus 1=0$。$P^*=P'\oplus P''=1$。该编码有奇数位编码错。

2.4.2 海明校验码

奇偶校验码检错能力差，并且没有纠错能力。如果将数据按某种规律分成若干组，对每

组进行相应的奇偶检测，就能提供多位检错信息，从而对错误位置进行定位，并对其进行纠正。海明校验码实质上是一种多重奇偶校验码，是目前广泛被采用的校验法，主要用于存储器中数据存取校验。

（1）校验位的位数的确定

海明校验码和奇偶校验码一样，都是通过对原校验码和新校验码进行异或操作生成的故障字来判断数据是否发生错误。要实现对某个数据发生的错误进行定位，则故障字应能体现数据可能出现的状态。假定数据位位数为 n，校验位位数为 k，则故障字位数也是 k，k 位故障字能够表示的状态有 2^k 种，每种状态用来说明一种情况。数据会出现的状态有无错、n 位数据中某一位出错、k 位校验位中有一位出错的情况（只考虑干扰造成一位出错的情况），共有 $1+n+k$ 种情况。所以，n 和 k 必须满足下列关系：

$$2^k \geqslant 1+n+k$$

（2）分组方式的确定

数据位和校验位一起存储构成 $n+k$ 位的码字。若将校验位穿插在数据位中，使得某位出错时得到的故障字和出错的位置之间存在一个确定的关系，就可以根据故障字直接确定出错的位置，并容易地进行纠正了。

根据上述基本思想，我们按以下规则来解释各故障字的值。

① 如果故障字各位全 0，则表示没有发生错误。

② 如果故障字中有且仅有一位为 1，则表示校验位中有一位出错。校验位出错不需要纠正。

③ 如果故障字中有多位为 1，则表示有一个数据位出错。出错数据位的位置，由故障字的数值确定。只需根据故障字的值找到出错位进行取反纠正就可以了。

[例 2-38] 为数据 $M = M_8 M_7 M_6 M_5 M_4 M_3 M_2 M_1$ 采用海明校验码时确定校验分组。

解：8 位数据时，校验位位数 k 要满足 $2^k \geqslant 1+8+k$ ，则 $k=4$。校验位 $P = P_4 P_3 P_2 P_1$。根据前面的基本规则进行数据位和校验位的排列。①故障字 0000 表示无错的情况。②故障字中只有一位为 1 时，表示校验位某位出错的状态。将 P_1 放在 0001 位置，P_2 放在 0010 位置，P_3 放在 0100 位置，P_4 放在 1000 位置。③有多个 1 的故障字一次表示数据位出错情况。M_1 放在 0011 位置，M_2 放在 0101 位置……这样就得到码字的排列为

$$M_8 M_7 M_6 M_5 P_4 M_4 M_3 M_2 P_3 M_1 P_2 P_1$$

故障字中各个状态和出错情况的对应关系，如表 2-4 所示。

表 2-4　故障字和出错情况的对应关系

序号 含义 分组	1 P_1	2 P_2	3 M_1	4 P_3	5 M_2	6 M_3	7 M_4	8 P_4	9 M_5	10 M_6	11 M_7	12 M_8	故障字	正确	出错位 1	2	3	4	5	6	7	8	9	10	11	12
第四组								√	√	√	√	√	S_4	0	0	0	0	0	0	0	0	1	1	1	1	1
第三组				√	√	√	√					√	S_3	0	0	0	0	1	1	1	1	0	0	0	0	1
第二组		√	√			√	√			√	√		S_2	0	0	1	1	0	0	1	1	0	0	1	1	0
第一组	√		√		√		√		√		√		S_1	0	1	0	1	0	1	0	1	0	1	0	1	0

（3）校验位的生成

根据故障字和出错情况对应关系表，对 12 位码字分成了 4 组，每组进行奇（偶）校验生成一位校验位。在上面的分组方式中，可以看到每个数据位至少参与两组奇（偶）校验位的生成。

[例 2-39] 对 8 位数据 01101010，完成海明校验位生成过程，每组采用偶校验。

解：采用前一例题的分组表，则得到校验位和数据位之间的关系，对每组数据进行偶校验运算。

$$P_1 = M_1 \oplus M_2 \oplus M_4 \oplus M_5 \oplus M_7 = 1$$
$$P_2 = M_1 \oplus M_3 \oplus M_4 \oplus M_6 \oplus M_7 = 1$$
$$P_3 = M_2 \oplus M_3 \oplus M_4 \oplus M_8 = 0$$
$$P_4 = M_5 \oplus M_6 \oplus M_7 \oplus M_8 = 0$$

将数据位和校验位一起存储，得到的码字为

$$M_8 M_7 M_6 M_5 P_4 M_4 M_3 M_2 P_3 M_1 P_2 P_1 = 011001010011$$

（4）海明校验码的检错和纠错

数据位 M 和校验位 P 一起存储或传送后，读出的数据为 M'，读出的校验位为 P''。对 M' 采用同样的分组校验，得到新校验位 P'。将 P' 和 P'' 进行异或得到故障字 S。根据故障字可以确定码字是否发生错误，若发生错误，根据故障字确定的错误位置，若是数据位出错，则取反纠错，若是校验位出错可以不进行纠错。

海明校验码具有发现两位错，纠正一位错的能力，又称为单纠错码。

[例 2-40] 在终部件处接收到 $(8,4)$ 海明码数据 011001010011，已知校验分组表如表 2-4，完成该数据检错以及纠错过程。

解：根据海明码字排列顺序，可知 $M' = 01101010$，$P'' = 0011$。

对 M' 数据进行海明校验位生成过程，生成新校验位 P'。

$$P_1' = M_1' \oplus M_2' \oplus M_4' \oplus M_5' \oplus M_7' = 1$$
$$P_2' = M_1' \oplus M_3' \oplus M_4' \oplus M_6' \oplus M_7' = 1$$
$$P_3' = M_2' \oplus M_3' \oplus M_4' \oplus M_8' = 0$$
$$P_4' = M_5' \oplus M_6' \oplus M_7' \oplus M_8' = 0$$

将 P' 和 P'' 异或得到故障字 S。

$$S = P' \oplus P'' = 0011 \oplus 0011 = 0000$$

根据分组表，故障字为 0000，表明所有位都无错。

[例 2-41] 在终部件处接收到 $(8,4)$ 海明码数据 011101010011，已知校验分组表如表 2-4，完成该数据检错以及纠错过程。

解：根据海明码字排列顺序，可知 $M' = 01111010$，$P'' = 0011$。

对 M' 数据进行海明校验位生成过程，生成新校验位 P'。

$$P_1' = M_1' \oplus M_2' \oplus M_4' \oplus M_5' \oplus M_7' = 0$$
$$P_2' = M_1' \oplus M_3' \oplus M_4' \oplus M_6' \oplus M_7' = 1$$
$$P_3' = M_2' \oplus M_3' \oplus M_4' \oplus M_8' = 0$$
$$P_4' = M_5' \oplus M_6' \oplus M_7' \oplus M_8' = 1$$

将 P' 和 P'' 异或得到故障字 S。

$$S = P' \oplus P'' = 1010 \oplus 0011 = 1001$$

根据分组表,故障字为1001,表明第9位出错。第9位是数据位 M_5,所以只需将 M_5' 取反纠正即可得到原正确数据01101010。

2.4.3 循环冗余校验码

循环冗余校验码(CRC),简称循环码,是一种具有检错、纠错能力的校验码。循环冗余校验码常用于外存储器和计算机同步通信的数据校验。奇偶校验码和海明校验码都是采用奇偶检测为手段检错和纠错的,而循环冗余校验则是通过某种数学运算来建立数据位和校验位的约定关系的。

(1) 校验位的生成

循环冗余校验码由信息码 n 位和校验码 k 位构成。k 位校验位拼接在 n 位数据位后面,$n+k$ 为循环冗余校验码的字长,又称这个校验码 $(n+k, n)$ 码。

n 位信息位可以表示成为一个报文多项式 $M(x)$,最高幂次是 x^{n-1}。约定的生成多项式 $G(x)$ 是一个 $k+1$ 位的二进制数,最高幂次是 x^k。将 $M(x)$ 乘以 x^k,即左移 k 位后,除以 $G(x)$,得到的 k 位余数就是校验位。这里的除法运算是模 2 除法,即当部分余数首位是 1 时商取 1,反之商取 0。然后每一位的减法运算是按位减,不产生借位。

[例 2-42] 假设要传送的数据信息是100011,约定循环冗余校验法,采用的生成多项式数据 $G(x) = x^3 + 1$,计算循环冗余校验位。

解:数据信息为 6 位,报文多项式 $M(x) = x^5 + x + 1$。生成多项式 $G(x) = x^3 + 1$,最高幂次为 3,则校验位位数为 $k = 3$。将 $M(x)$ 左移 3 位,除以生成多项式,得到的余数就是校验位。

```
                100111
       1001 / 100011000
              1001
              ─────
              0011
              0000
              ─────
              0111
              0000
              ─────
              1110
              1001
              ─────
              1110
              1001
              ─────
              1110
              1001
              ─────
               111
```

得到的余数为 111。则生成的循环冗余校验码字为100011111。

(2) CRC 检错和纠错

CRC 码存储或传送后,在接收方进行校验过程,以判断数据是否有错,若有错则进行纠错。一个 CRC 码一定能被生成多项式整除,所以在接收方对码字用同样的生成多项式相除,如果余数为 0,则码字没有错误;若余数不为 0,则说明某位出错,不同的出错位置余数不同。对 (n, k) 码制,在生成多项式确定时,出错位置和余数的对应关系是确定的。

[例 2-43] 对信息码 001～111,在生成多项式 $G(x) = x^4 + x^3 + x^2 + 1$ 时,求出其 CRC 码,并分析其特点。

解:将每个信息码左移 4 位,除以生成多项式,得到的 CRC 码如表 2-5 所示。

表 2-5　CRC 校验码生成

信息码	校验码	CRC 码	信息码	校验码	CRC 码
001	1101	0011101	101	0011	1010011
010	0111	0100111	110	1001	1101001
011	1010	0111010	111	0100	1110100
100	1110	1001110			

从该表可以看出,CRC 码有以下特点:

① 任何一个 CRC 码循环右移一位,仍是 CRC 码。校验码放在信息位的右边,形成信息码的多余部分,所以称为循环冗余校验码。

② 将表中的 CRC 码按位异或,得到的结果依然是一个 CRC 码。

[例 2-44]　(7,4)循环码中,$G(x)=1011$ 时,码字中出错位和余数的对应关系是怎样的？若接收方的码字为 1001000,完成数据检错和纠错过程。

解:在循环冗余校验码字中,出错位和余数的对应关系在码制、生成多项式确定时是不变的。任意选择信息码 1010 和 0110,生成正确的 CRC 码。然后假设码字在不同位发生错误,用错误的码字求得出错时的余数。表 2-6 列出每个出错位和余数的对应关系。

表 2-6　CRC 中码字、余数和出错位的关系

	码字举例														余数			出错位
	D_1	D_2	D_3	D_4	P_1	P_2	P_3	D_1	D_2	D_3	D_4	P_1	P_2	P_3				
正确	1	0	1	0	0	1	1	1	0	1	1	0	0	0	0	0	0	无
错误	1	0	1	0	0	1	0	1	0	1	1	0	0	1	0	0	1	7
	1	0	1	0	0	0	1	1	0	1	1	0	1	0	0	1	0	6
	1	0	1	0	1	1	1	1	0	1	1	1	0	0	1	0	0	5
	1	0	1	1	0	1	1	1	0	1	0	0	0	0	0	1	1	4
	1	0	0	0	0	1	1	1	0	0	1	0	0	0	1	1	0	3
	1	1	1	0	0	1	1	1	1	1	1	0	0	0	1	1	1	2
	0	0	1	0	0	1	1	0	0	1	1	0	0	0	1	0	1	1

用接收方的码字左移 3 位,除以生成多项式,得到余数为 110。根据上表,可知对应第 3 位错。将数据位第 3 位取反,得到正确的码字:1011000。

$$
\begin{array}{r}
1010 \\
1011\,\overline{)\,1001000} \\
1011 \\
\hline
0100 \\
0000 \\
\hline
1000 \\
1011 \\
\hline
0110 \\
0000 \\
\hline
110
\end{array}
$$

(3) 生成多项式的选取

并不是所有的 k 位多项式都能作为生成多项式。为了能够检错和纠错,选取的生成多项式应具备如下条件。

① 当任何一位出错时,都能使余数不为 0。

② 不同的位发生错误,得到的余数互不相同。

③ 对余数继续做模 2 除法,余数是循环的。

下面是几种常用的生成多项式。

CRC-CCITT:$G(x)=x^{16}+x^{12}+x^{5}+1$

CRC-16:$G(x)=x^{16}+x^{15}+x^{2}+1$

CRC-12:$G(x)=x^{12}+x^{11}+x^{3}+x^{2}+x+1$

CRC-32:$G(x)=x^{32}+x^{26}+x^{23}+x^{16}+x^{12}+x^{11}+x^{10}+x^{8}+x^{7}+x^{5}+x^{4}+x^{2}+x+1$

2.5 实 验 设 计

本节实验的目的是了解 PC 机中寄存器、了解 PC 机中数据编码、了解 AEDK 模型机的寄存器、了解 AEDK 模型机的通用寄存器、了解 EL 实验平台的寄存器组成。

2.5.1 PC 机中的寄存器组

1. 了解 x86PC 机寄存器组

x86PC 机寄存器分 4 组,每个寄存器都有其各自的专用目的。8086/8088 的 4 个 16 位数据寄存器是:AX(累加寄存器,常用于运算)、BX(基址寄存器,常用于地址索引)、CX(计数寄存器,常用于计数)、DX(数据寄存器,常用于数据传递)。4 个数据寄存器又可以分成 8 个 8 位通用寄存器,即:AH/AL、BH/BL、CH/CL 和 DH/DL(高 8 位/低 8 位)。

为了有效地运用所有的内存空间,8086/8088 有 4 个 16 位段寄存器,专门用来保存段地址,即:CS、SS、DS 和 ES,依次指明代码段、堆栈段、数据段和附加数据段的首地址。

此外,还有一些特殊功能的寄存器,如:IP 指令指针寄存器,与 CS 配合使用,指示代码段内指令的偏移地址,可跟踪程序的执行过程;SP 堆栈指针寄存器,与 SS 配合使用,指示堆栈段的当前栈顶,可指向目前的堆栈位置;BP 基址指针寄存器,可用作 SS 的一个相对基址位置;SI 源变址寄存器,可用来存放相对于 DS 段之源变址指针;DI 目的变址寄存器,可用来存放相对于 ES 段之目的变址指针。还有一个 FLAGS 标志寄存器,其中有 9 个有意义的标志位。

DEBUG 最初是 MS-DOS 中的一个外部命令,从 DOS 1.0 起,Microsoft 的操作系统就一直带有此命令。DEBUG 的主要用途在于纠错,即修正汇编语言程序中的错误,不过也可以用来编写较短的汇编语言程序。DEBUG 还可用来检查和修改内存位置、载入存储和执行程序、检查和修改寄存器等。DEBUG 通过单步、设置断点等方式为汇编语言程序员提供了有效的调试手段。

在 Windows 操作系统下,DEBUG.EXE 文件在 Windows 文件夹的 COMMAND 子文件夹中。

（1）启动 x86 兼容 PC 机，运行 DOS 命令行程序。可以有以下几种方式启动：

① 通过【程序】|【附件】|【命令提示符】启动

② 在【运行】中输入 CMD 命令

（2）启动 DEBUG 程序

在命令行提示符＞后输入 DEBUG

（3）查看所有寄存器的当前值

寄存器命令 R 的作用是显示和修改 CPU 中的寄存器值。

键入命令：

R＜回车＞

2．了解 PC 机寄存器中数据的编码

PC 机的数据存储采用补码，通过下面的步骤来验证。

（1）在 DEBUG 中，编写程序段，用 A 命令输入程序段，如图 2-13 所示。

MOV AX，0001　；将数据 1 放入到 AX 寄存器

MOV BX，FFFF　；将 −1 放到 BX 寄存器，

ADD AX，BX　　；将 AX 和 BX 做加法运算

```
-r
AX=0000  BX=0000  CX=0000  DX=0000  SP=FFEE  BP=0000  SI=0000  DI=0000
DS=0B00  ES=0B00  SS=0B00  CS=0B00  IP=0100   NU UP EI PL NZ NA PO NC
0B00:0100 B80100        MOV    AX,0001
-a
0B00:0100 mov ax,0001
0B00:0103 mov bx,ffff
0B00:0106 add ax,bx
0B00:0108
-t=0100

AX=0001  BX=0000  CX=0000  DX=0000  SP=FFEE  BP=0000  SI=0000  DI=0000
DS=0B00  ES=0B00  SS=0B00  CS=0B00  IP=0103   NU UP EI PL NZ NA PO NC
0B00:0103 BBFFFF        MOV    BX,FFFF
-t

AX=0001  BX=FFFF  CX=0000  DX=0000  SP=FFEE  BP=0000  SI=0000  DI=0000
DS=0B00  ES=0B00  SS=0B00  CS=0B00  IP=0106   NU UP EI PL NZ NA PO NC
0B00:0106 01D8         ADD    AX,BX
-t

AX=0000  BX=FFFF  CX=0000  DX=0000  SP=FFEE  BP=0000  SI=0000  DI=0000
DS=0B00  ES=0B00  SS=0B00  CS=0B00  IP=0108   NU UP EI PL ZR AC PE CY
0B00:0108 CC          INT    3
```

图 2-13　DEBUG 操作执行程序

（2）运行该程序段。可以看到 AX 寄存器的结果为 0。即＋1 的补码 0001H 加上 −1 的补码 0FFFFH，结果为 0。

2.5.2　AEDK 实验机的寄存器组

1．AEDK 实验机的寄存器组成

实验机中有 4 个寄存器 $R_0 \sim R_3$，寄存器组由 4 个 74LS374 组成，由 1 片 74LS139（2-4 译码器）来选择 4 个 74LS374，并且由 2 片 74LS32 来组成控制线。R-IN 和 R-OUT 作为数据输入输出端，通过 8 芯扁平电缆连接到数据总线上。

图 2-14 为实验机的寄存器组成逻辑图。

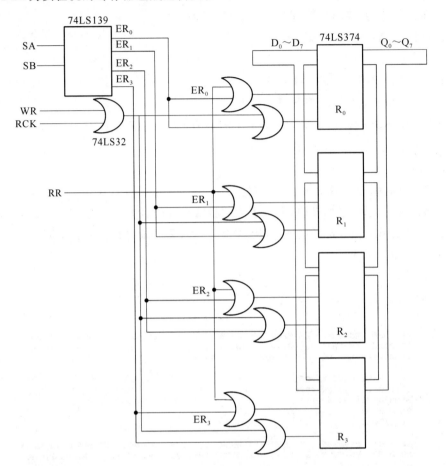

图 2-14　模型机堆栈寄存器组逻辑示意图

（1）堆栈寄存器组原理

由 SA、SB 两根控制线通过 74LS139 译码来选择 4 个寄存器（74LS374）。当 WR＝0 时，表示数据总线将要向寄存器中写入数据，RCK 作为寄存器的工作脉冲，在有上升沿时把总线上数据打入 74LS139 选择的那个寄存器。当 RR＝0 时，把 74LS139 选择的寄存器的数据输出至数据总线。在本系统内使用了 WR＝0 作为写入允许，RCK 信号为上升沿时打入数据。RR＝0 时数据输出。

（2）控制信号说明（如表 2-7 所示）

表 2-7　ADEK 实验机堆栈寄存器控制信号

信号名称	作用	有效电平	信号名称	作用	有效电平
SA、SB	选通寄存器	低电平有效	RR	数据输出允许	低电平有效
WR	数据写入允许	低电平有效	RCK	寄存器的工作脉冲	上升沿有效

（3）74LS139 的逻辑（如表 2-8 所示）

表 2-8　74LS139 的逻辑

输入		输出				功能
SA	SB	Y_0	Y_1	Y_2	Y_3	选择寄存器
X	X	H	H	H	H	X
0	0	0	1	1	1	R_0
0	1	1	0	1	1	R_1
1	0	1	1	0	1	R_2
1	1	1	1	1	0	R_3

（4）实验内容及步骤

步骤 1：对寄存器进行写入操作

操作示例：将数据 11H 写入寄存器 R_0，将数据 22H 写入寄存器 R_1，将数据 33H 写入寄存器 R_2，将数据 44H 写入寄存器 R_3。

① 用扁平电缆将 R-IN（8 芯的盒型插座）和 CPT-B 板上的 $J_1 \sim J_3$ 中任意一个 8 芯的盒型插座（对应二进制数据开关）相连。

② 用信号线把 RR、WR、SA、SB 和 CPT-B 上的二进制开关相连，注意不能和数据开关相同，最好是选择有信号标识的开关。把 RCK 连到脉冲单元的 PLS 中任意一个。

③ 二进制开关设置

数据开关置为 11H

D_7	D_6	D_5	D_4	D_3	D_2	D_1	D_0
0	0	0	1	0	0	0	1

置控制信号：

RR	WR	SA	SB
1	0	0	0

按 PLS 脉冲按键，产生一个上升沿脉冲，数据 11H 打入 R_0 寄存器.

④ 数据开关置为 22H

D_7	D_6	D_5	D_4	D_3	D_2	D_1	D_0
0	0	1	0	0	0	1	0

控制信号置为：

RR	WR	SA	SB
1	0	1	0

按 PLS 脉冲按键，产生一个上升沿脉冲，数据 22H 打入 R_1 寄存器.

⑤ 数据开关置为 33H

D_7	D_6	D_5	D_4	D_3	D_2	D_1	D_0
0	0	1	1	0	0	1	1

控制信号置为：

RR	WR	SA	SB
1	0	0	1

按 PLS 脉冲按键，产生一个上升沿脉冲，数据 33H 打入 R_2 寄存器.

⑥ 根据前面操作方法，思考设置数据开关和控制信号开关，将 44H 存入 R_3 中。

步骤 2：从寄存器中读出数据

操作示例：把 R_0 中的数据读出到数据总线上。

① 置控制信号开关为：

RR	WR	SA	SB
0	1	0	0

② 数据总线 IDB_0-IDB_7 上的发光二极管显示出 00010001，读出 R_0 中的数据。

③ 根据读寄存器的操作方法，将 R_1，R_2，R_3 中的数据显示在数据总线上。

2. AEDK 实验机中通用寄存器构成

实验机通用寄存器由 2 片 GAL 构成 8 位字长的寄存器单元，RA-IN 作为数据输入端，可通过 8 芯扁平电缆直接连接到数据总线。数据输出由一片 74LS244（输出缓冲器）来控制，RA-OUT 作为数据输出端，可通过 8 芯扁平电缆直接连接到数据总线。由 1 片 GAL、1 片 7474 和一些常规芯片组成判零和进位电路，分别由 2 个 LED 发光管（ZD，CY）来显示其状态。通用寄存器逻辑示意图如图 2-15 所示。

(1) 通用寄存器单元的工作原理

通用寄存器单元的核心部件为 2 片 GAL，它具有锁存、左移、右移、保存等功能，各个功能都有 X_1、X_0 信号和 RACK 工作脉冲来决定。当置 ERA＝0、X_0＝1、X_1＝0，RACK 为脉冲的上升沿时，把总线上的数据打入通用寄存器。可通过设置 X_0、X_1 来指定通用寄存器的工作方式，通用寄存器的输出端 Q_0～Q_7 接入判零电路。LED（ZD）亮时表示数据为 0。

输出缓冲器采用三态门 74LS244，当控制信号 RA-O 为低时，74LS244 开通，把通用寄

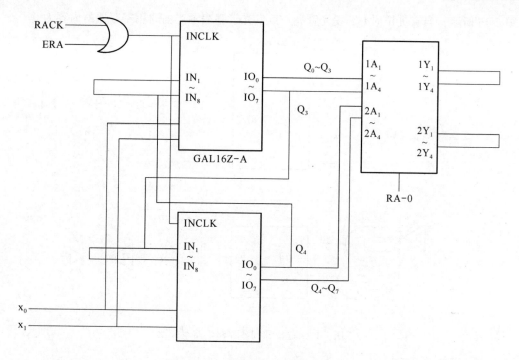

图 2-15 通用寄存器逻辑示意图

存器内容输出到总线；当 RA-O 为高时，74LS244 的输出为高阻。

（2）通用寄存器（8 位并入并出移位寄存器）的逻辑（如表 2-9 所示）

表 2-9 通用寄存器逻辑

X_0	X_1	M	功能	X_0	X_1	M	功能
0	1	0	循环右移	1	0	0	循环左移
0	1	1	带进位循环右移	1	0	1	带进位循环左移

（3）通用寄存器控制信号说明（如表 2-10 所示）

表 2-10 通用寄存器控制信号

信号名称	作用	有效电平
X_0、X_1	通用寄存器的工作模式	
ERA	选通通用寄存器	低电平有效
RA-O	通用寄存器内容输出至总线	低电平有效
RACK	通用寄存器工作脉冲	上升沿有效
M	在 ALU 单元中作为逻辑和算术运算的选择。在本实验中决定是否带进位移位	0 带进位
		1 不带进位

（4）进位和判零控制的实验构成

进位和判零电路由 1 片 GAL、7474、74LS14、74LS32 和两个 LED（CY、ZD）发光管组成，如

图 2-16 所示。当有进位时 CY 发光管亮,ZD 发光管亮表示当前通用寄存器的内容为 0。

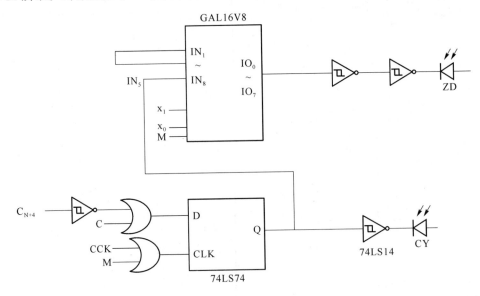

图 2-16　进位和判零控制电路逻辑图

(5) 进位控制的原理

进位电路与通用寄存器和 ALU 有着非常紧密的关系,算术逻辑单元的进位输出和通用寄存器带进位移动时都会影响进位寄存器中的结果。

若实验者在作算术逻辑实验时,选择了算术运算方式,当 ALU 的计算结果输出至总线时,在 CCK 来上一个升沿,将把 74LS181 的进位输出位(C_{N+4})上的值用 74LS32 取反(为了统一进位标识,1 表示有进位,0 表示无进位),打入进位寄存器(74LS74)中,并且有进位时LED(CY)发光。

在进行通用寄存器的数据移位实验时,把 CCK 和通用寄存器的工作脉冲接在一起,当选择带进位左移时,在工作脉冲下,通用寄存器的最高位将移入进位寄存器中,进位寄存器中的值将移入通用寄存器的最低位。当进位寄存器中的值为 1 时,LED(CY)发亮,若进位寄存器中的值为 0 时,LED(CY)灭。同样在带进位右移时,也会产生同样的效果。

通过把通用寄存器中的每一位作或运算,当寄存器的每一位为 0 时,ZD 输出 0,LED(ZD)发光。

(6) 实验内容及步骤

步骤 1:数据输入通用寄存器

操作示例:把数据 42H 存入通用寄存器

① 用扁平数据电缆把寄存器组的 RA-IN(8 芯的盒型插座)和 CPT-B 上的 $J_1 \sim J_2$ 的任意一个 8 芯的盒型插座(对应数据二进制开关)相连。用短扁平电缆把 RA-OUT(8 芯的盒型插座)和数据总线 DJ_6 相连。

② 用信号线把 RACK 连到脉冲单元的 PLS 任意一个。用信号线把 ERA、X_0、X_1、RA-O、M 接入 CPT-B 上的二进制的开关(对应控制信号输入开关)。注意避免和数据开关冲突,最好选择有信号标识的开关。

③ 用二进制开关输入数据和控制信号。

数据输入:42H

H_{23}	H_{22}	H_{21}	H_{20}	H_{19}	H_{18}	H_{17}	H_{16}
0	1	0	0	0	0	1	0

控制信号:

X_0	X_1	ERA	RA-O	M
1	1	0	0	1

④ 按下运行键。

⑤ 按 PLS 脉冲按键,在 PLS 上产生一个上升沿的脉冲,把 42H 打入通用寄存器。

⑥ 此时数据总线上的指示灯 IDB_0-IDB_7 应该显示为 0100 0010,由于寄存器内容不为 0,所以 ZD LED 灯灭。

步骤 2:寄存器内容无进位循环左移实验

操作示例:将通用寄存器中的数据 42H 循环左移,结果在数据总线上显示出来。

① 按照数据输入实验的方法把数据 42H 打入通用寄存器中,数据总线上显示 0100 0010。

② 实现循环左移功能,置控制信号如下:

X_0	X_1	ERA	RA-O	M
0	1	0	0	1

③ 按下运行键。

④ 按 PLS 脉冲按键,产生一个上升沿,左移结果输出到数据总线上,数据总线上的指示灯 IDB_0-IDB_7 应该显示为 1000 0100。由于寄存器内容不为 0,所以 ZD LED 灯灭。

⑤ 一直按脉冲按键,在总线上将看见数据循环左移的现象。

步骤 3:带进位循环左移实验

操作示例:把通用寄存器中的数据 81H 带进位循环左移,结果在数据总线上显示。

① 停止按钮,实验机停机将进位寄存器 CY 清 0(CY 灯灭)。按运行按钮。

② 按照数据输入实验的方法把数据 81H 打入通用寄存器中,数据总线上显示 1000 0001。但是注意要将算术逻辑单元模块的 CCK 信号和 PLS 连接起来。

③ 实现带进位循环左移功能,置控制信号如下:

X_0	X_1	ERA	RA-O	M
0	1	0	0	0

④ 按下运行键。

⑤ 按 PLS 脉冲按键,产生一个上升沿,左移结果输出到数据总线上,数据总线上的指示灯 IDB_0-IDB_7 应该显示为 0000 0010。因为进位寄存器 CY 的初始值为 0,打入通用寄存器的最低位,同时通用寄存器的最高位打入进位寄存器 CY,CY 灯亮。由于寄存器内容不为 0,所以 ZD LED 灯灭。

⑥ 一直按脉冲按键,在数据总线上将看见数据带进位循环左移的现象。

2.5.3 EL 实验机的寄存器组

（1）寄存器构成

本实验系统的寄存器堆由 EP1K10 实现,移位寄存器由带三态输出的 74LS299 实现,其框图如图 2-17 所示。

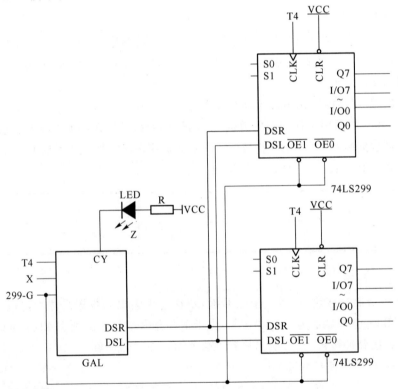

图 2-17 EP1K10 寄存器逻辑框图

（2）信号说明

T_4:移位时钟,上升沿有效。

G-299:输出控制允许,低电平有效。低电平时将寄存器的值送上数据总线。

CY:进位单元,对应于 Z 指示灯。

74LS299 功能表如表 2-11 所示。

表 2-11 74LS299 功能表

CLR	S₀	S₁	OE₁	OE₀	CLK	D_SL	D_SR	I/O₀	I/O₁	……	I/O₆	I/O₇	Q₀'	Q₇'	工作方式
			输入					并行	输入/输出				串行输出		
L	×	L	L	L	×	×	×	L	L	……	L	L	L	L	清除
L	L	L	L	L	×	×	×	L	L	……	L	L	L	L	
H	L	L	L	L	×	×	×	Q_{00}	Q_{10}	……	Q_{60}	Q_{70}	Q_{00}	Q_{70}	保持
H	×	×	L	L	LH	×	×	Q_{00}	Q_{10}	……	Q_{60}	Q_{70}	Q_{00}	Q_{70}	
H	L	H	L	L	↑	×	H	H	Q_{0n}	……	Q_{5n}	Q_{6n}	H	Q_{6n}	右移
H	L	H	L	L	↑	×	L	L	Q_{0n}	……	Q_{5n}	Q_{6n}	L	Q_{6n}	
H	H	L	L	L	↑	H	×	Q_{1n}	Q_{2n}	……	Q_{7n}	H	Q_{1n}	H	左移
H	H	L	L	L	↑	L	×	Q_{1n}	Q_{2n}	……	Q_{7n}	L	Q_{1n}	L	
H	H	H	×	×	↑	×	×	d_0	d_1	……	d_6	d_7	d_0	d_7	置数

M、S_0、S_1:功能选择如表 2-12 所示。

表 2-12 移位寄存器功能选择表

S_1	S_0	M	299	功能
0	0	×	0	保持
1	0	0	0	循环右移
1	0	1	0	带进位循环右移
0	1	0	0	循环左移
0	1	1	0	带进位循环左移
1	1	×	1	置数 进位保持
1	1	0	0	置数 进位清0
1	1	1	0	置数 进位置1

(3) 实验内容

开始实验前要把所有控制开关电路上的开关置为高电平"1"状态。拨动清零开关 CLR=0,再拨动 CLR=1。按图 2-18 连接线路。

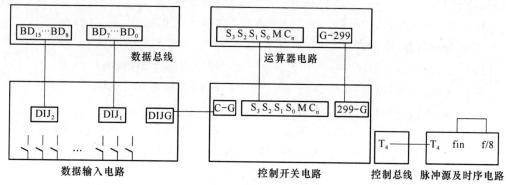

图 2-18 EL 寄存器实验连线图

项目 1：置数操作

① C-G＝1,299-G＝0,D_{15}～D_0＝0000 0000 0000 0001。这些信号操作完成关闭数据输入电路,在开关上输数据,例如 0000 0000 0000 0001。

② C-G＝0。这些信号操作完成打开数据输入电路,数据送到数据总线,可见数据总线显示灯为 0000 0000 0000 0001。

③ S_0＝1,S_1＝1,M＝1。这些信号操作完成给出移位寄存器置数控制信号组合。

④ 按下【单步】按钮,给移位寄存器工作脉冲。

⑤ C-G＝1。这些信号操作完成关闭数据输入电路。

项目 2：不带进位移位操作

① 先按照项目 1,在寄存器内置入数据 0000 0000 0000 0001。

② 299-G＝0,S_0＝1,S_1＝0,M＝0。这些信号操作完成置移位寄存器不带进位循环左移控制信号组合。

③ 按下【单步】按钮,给移位寄存器工作脉冲,数据总线显示灯为 0000 0000 0000 0010。

④ 继续按下【单步】按钮,观察数据变化。

项目 3：带进位移位操作

① 先按照项目 1,在寄存器内置入数据 0000 0000 0000 0001。

② 299-G＝0,S_0＝1,S_1＝0,M＝1。这些信号操作完成置移位寄存器带进位循环左移控制信号组合。

③ 按下【单步】按钮,给移位寄存器工作脉冲,数据总线显示灯为 0000 0000 0000 0011。

④ 继续按下【单步】按钮,观察数据变化。

习 题 2

1. 完成下面数据的数制转换。

(1) $(689.45)_{10}$＝(　　　)$_2$＝(　　　)$_{16}$

(2) $(9E.23)_{16}$＝(　　　)$_2$＝(　　　)$_{10}$

(3) $(10111010.11011)_2$＝(　　　)$_{16}$＝(　　　)$_{10}$

2. 机器字长为 8 位,写出下列各数的原码、反码和补码。

(1) ＋1001　　　　(2) －1001　　　　(3) ＋1　　　　(4) －1

(5) ＋0.1010011　　(6) －0.1010011　　(7) －1.0　　　(8) －0

3. 已知机器数,求真值。

(1) $[X]_原$＝1.1010110　　　　　　　　(2) $[X]_反$＝01010011

(3) $[X]_补$＝11010111　　　　　　　　(4) $[X]_补$＝10000000

4. 已知$[X]_补$＝10110110,分别求

(1) $[4X]_补$　　　　　(2) $[-X]_补$　　　　(3) $[X/2]_补$　　　(4) $[X/8]_补$

5. 已知浮点机中格式为：阶码 3 位(补码编码,含阶符 1 位),尾数 4 位(补码编码,含尾符 1 位)。写出下面两数在浮点机中的规格化形式。

(1) －1/8　　　　　　　　　　　　　　(2) －0.3125

6. 某计算机字长 16 位,采用下面几种编码时,求能表示的数的范围。

(1) 无符号整数

(2) 原码定点整数

(3) 原码定点小数

(4) 补码定点整数

(5) 补码定点小数

7. 假设要传送的数据信息为 100011,若约定的生成多项式 $G(x)=x^3+1$,求生成的 CRC 码。

8. 若 7 位海明码,已知故障字和出错位对应分组表如表 2-13 所示。

表 2-13 故障字和出错位对应分组表

	无错	P_1	P_2	M_1	P_3	M_2	M_3	M_4
S_3	0	0	0	0	1	1	1	1
S_2	0	0	1	1	0	0	1	1
S_1	0	1	0	1	0	1	0	1

若接收端得到的码字为 1011100,完成该码字检错和纠错过程。

9. 一个二进制机器数 1000111 代表的信息真值是什么?

(1) 表示一个补码

(2) 表示一个无符号数整数

(3) 表示定点小数的补码

(4) 表示一个加了偶校验的 ASCII 码字符,校验位在最高位

第 3 章　运算器与运算方法

运算器是计算机中的主要功能部件之一,是对二进制数据进行各种算术和逻辑运算的装置。根据数据编码类型,计算机中的运算部件可分为定点运算器和浮点运算器。

3.1　加　法　器

运算器中的各种运算都是分解成加法运算进行的,因此加法器是运算器的基本部件。

3.1.1　半加器与全加器

加法是计算机中的基本运算,加法器是运算器的最基本运算单元。

(1) 半加器

完成对两个一位二进制数相加,不考虑低位进位的电路,称为半加器。表 3-1 是两个二进制数 X_i 和 Y_i 相加的真值表,H_i 是半加和,C_i 表示向高位的进位。

表 3-1　半加运算的真值表

X_i	Y_i	H_i	C_i	X_i	Y_i	H_i	C_i
0	0	0	0	0	1	1	0
1	0	1	0	1	1	0	1

根据真值表写出 H_i 和 C_i 的逻辑表达式:

$$H_i = \overline{X_i}Y_i + X_i\overline{Y_i} = X_i \oplus Y_i$$

$$C_i = X_iY_i$$

半加器的逻辑图和符号如图 3-1 所示。

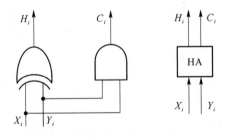

图 3-1　半加器的逻辑图和符号

(2) 全加器

多位二进制数据相加,必须考虑位和位之间的进位。这种考虑低位进位的电路称为全加器。表 3-2 是全加运算的真值表,其中 X_i、Y_i 表示第 i 位的加数,C_{i-1} 表示第 i 位的进位输入,F_i 是第 i 位的全加和,C_i 是第 i 位的进位输出。

表 3-2　全加运算的真值表

X_i	Y_i	C_{i-1}	F_i	C_i	X_i	Y_i	C_{i-1}	F_i	C_i
0	0	0	0	0	0	1	0	1	0
1	0	0	1	0	1	1	0	0	1
0	0	1	1	0	0	1	1	0	1
1	0	1	0	1	1	1	1	1	1

根据真值表,可以写出 F_i 和 C_i 的逻辑表达式:

$$F_i = \overline{X_i} Y_i \overline{C_{i-1}} + X_i \overline{Y_i}\, \overline{C_{i-1}} + \overline{X_i}\, \overline{Y_i} C_{i-1} + X_i Y_i C_{i-1}$$
$$= X_i \oplus Y_i \oplus C_{i-1}$$
$$C_i = X_i Y_i \overline{C_{i-1}} + \overline{X_i} Y_i C_{i-1} + X_i \overline{Y_i} C_{i-1} + X_i Y_i C_{i-1}$$
$$= (X_i \oplus Y_i) C_{i-1} + X_i Y_i$$

图 3-2、图 3-3 是上述表达式的全加器逻辑图和全加器的符号表示。

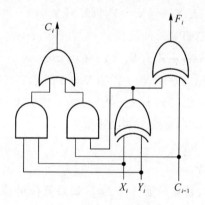

图 3-2　全加器逻辑图

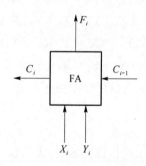

图 3-3　全加器的符号表示

3.1.2　串行进位与并行进位

半加器和全加器只能进行一位二进制数的加法运算,可以用于组成 n 位加法器。根据运算方法的不同,加法器分为串行加法器和并行加法器。

(1)串行加法器

将 n 个加法器串接起来,进位信号顺序从低位传到高位,这样的加法器电路称为串行加法器或行波进位加法器。图 3-4 是 4 位串行加法器,实现了数据 $X = X_3 X_2 X_1 X_0$ 和 $Y = Y_3 Y_2 Y_1 Y_0$ 的逐位相加,得到二进制和 $F = F_3 F_2 F_1 F_0$,以及进位输出 C_4。

串行加法器位间的进位是串行传送的,任意一位的加法运算,必须等到低位的加法做完送来进位时才能正确进行,运行时间随着两个相加二进制数的位数的增加而增加。

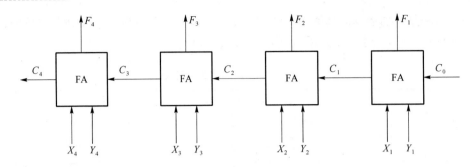

图 3-4　4位串行加法器

（2）并行进位加法器

要提高加法器的运算速度，可以预先形成各位的进位，将进位信号同时送到各位加法器的进位输入端，全部的全加器同时运算，两数的加法可以一次完成。这种预先生成进位的方法称为先行进位或并行进位。采用并行进位的加法器称为先行进位加法器。

为了预先生成进位，我们将各位的进位逻辑组合起来，使得高位的进位信号可以直接根据低位的数据位产生。

对于4位加法器，进位 C_1、C_2、C_3、C_4 的表达式为：

$C_1 = X_1Y_1 + (X_1 + Y_1)C_0$

$C_2 = X_2Y_2 + (X_2 + Y_2)C_1 = X_2Y_2 + (X_2 + Y_2)X_1Y_1 + (X_2 + Y_2)(X_1 + Y_1)C_0$

$C_3 = X_3Y_3 + (X_3 + Y_3)C_2 = X_3Y_3 + (X_3 + Y_3)X_2Y_2$
$\quad + (X_3 + Y_3)(X_2 + Y_2)X_1Y_1 + (X_3 + Y_3)(X_2 + Y_2)(X_1 + Y_1)C_0$

$C_4 = X_4Y_4 + (X_4 + Y_4)C_3 = X_4Y_4 + (X_4 + Y_4)X_3Y_3 + (X_4 + Y_4)(X_3 + Y_3)X_2Y_2$
$\quad + (X_4 + Y_4)(X_3 + Y_3)(X_2 + Y_2)X_1Y_1 + (X_4 + Y_4)(X_3 + Y_3)(X_2 + Y_2)(X_1 + Y_1)C_0$

这样的进位产生电路非常复杂，为了简化，可以定义两个辅助函数：

$$P_i = X_i + Y_i$$

$$G_i = X_iY_i$$

P_i 表示进位传递函数，表示这一位的两个输入数据位有一个为1，如果低位进位输入为1，则将向高位产生进位输出。

G_i 表示进位产生函数，表示两个输入数据都是1，则产生进位输出。

将 P_i、G_i 代入前面的 $C_1 \sim C_4$ 的表达式中，便可得：

$$C_1 = G_1 + P_1C_0$$

$$C_2 = G_2 + P_2G_1 + P_2P_1C_0$$

$$C_3 = G_3 + P_3G_2 + P_3P_2G_1 + P_3P_2P_1C_0$$

$$C_4 = G_4 + P_4G_3 + P_4P_3G_2 + P_4P_3P_2G_1 + P_4P_3P_2P_1C_0$$

从上述表达式可以看出，C_i 只与 X_i、Y_i 和 C_0 有关，与相互间的进位无关。

根据这些表达式构成的 $C_1 \sim C_4$ 的电路，称为先行进位产生电路。图 3-5 为先行进位产生电路。

采用这种先行进位电路的4位加法器逻辑图如图 3-6 所示。

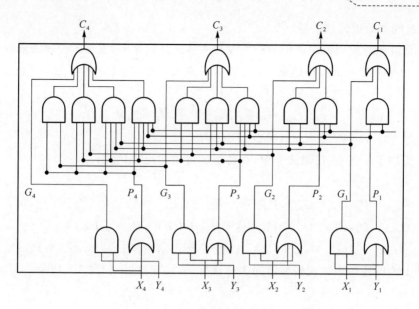

图 3-5 先行进位产生电路

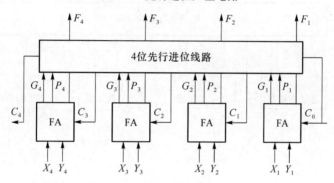

图 3-6 4 位并行进位加法器

（3）组间串行进位加法器

采用前述先行进位表达式构成的 16 位或 32 位加法器,电路将非常复杂。将 4 位先行
进位加法器看成是一个加法单元,即 4 位一组,这样可以将多个组串接起来,构成 $4n$ 位的加
法器。图 3-7 是 4 个 4 位先行进位加法器串接起来构成的 16 位加法器。这个 16 位加法器
各组间的进位信号是串行传送的,组内的进位信号是并行传送的。

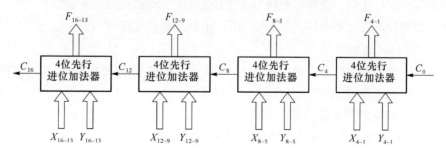

图 3-7 组间串行 16 位加法器

（4）组间并行进位加法器

将并行概念应用到组间进位的产生逻辑表达式。定义 C_m 表示 4 位加法器的进位输出，P_m 表示 4 位加法器的进位传递输出，G_m 表示 4 位加法器的进位产生输出，有表达式：

$$P_m = P_4 P_3 P_2 P_1$$

$$G_m = G_4 + P_4 G_3 + P_4 P_3 G_2 + P_4 P_3 P_2 G_1$$

$$C_m = G_m + P_m C_0$$

将上式用于 4 组 16 位加法器中，有每组的进位输出表达式：

$$C_{m1} = G_{m1} + P_{m1} C_0$$

$$C_{m2} = G_{m2} + P_{m2} C_{m1} = G_{m2} + P_{m2} G_{m1} + P_{m2} P_{m1} C_0$$

$$C_{m3} = G_{m3} + P_{m3} C_{m2} = G_{m3} + P_{m3} G_{m2} + P_{m3} P_{m2} G_{m1} + P_{m3} P_{m2} P_{m1} C_0$$

$$C_{m4} = G_{m4} + P_{m4} C_{m3} = G_{m4} + P_{m4} G_{m3} + P_{m4} P_{m3} G_{m2} + P_{m4} P_{m3} P_{m2} G_{m1} + P_{m4} P_{m3} P_{m2} P_{m1} C_0$$

根据上面的逻辑表达式构成组间先行进位 16 位加法器，如图 3-8 所示。

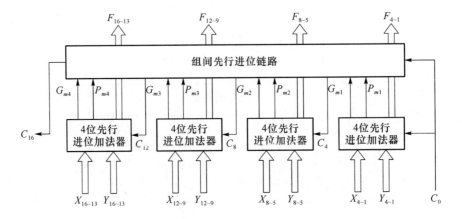

图 3-8　组间先行进位 16 位加法器

3.1.3　算术逻辑运算部件

运算器的核心是算术逻辑单元（Arithmetic and Logic Unit，ALU），用于完成数据的算术运算和逻辑运算。ALU 通常表示为两个输入口端口，一个输出口端口和多个功能控制信号端的一个逻辑符号，如图 3-9 所示。两个输入端口分别接受参加运算的两个操作数，运算的结果由输出端口送出。功能控制信号用于决定 ALU 所执行的运算功能。

本节介绍国际流行的美国商售 4 位 ALU 中规模集成电路 SN74181。

（1）SN74181 逻辑符号

SN74181 能对两个 4 位二进制进行 16 种算术运算和 16 种逻辑运算。它的基本逻辑结构是先行进位加法器，其逻辑符号如图 3-10 所示。

SN74181 各引脚的功能如下：

① $A_0 \sim A_3$ 和 $B_0 \sim B_3$ 分别是两个 4 位二进制数的输入。

② $F_0 \sim F_3$ 是运算的结果。

③ C_n 为低位进上来的进位。

④ C_{n+4} 是向高位的进位。

⑤ M 为低电平时,74181 执行算术运算。M 为高电平时,74181 执行逻辑运算。

⑥ $S_0 \sim S_3$ 为功能控制引脚,16 种组合代表 16 种算术运算或 16 种逻辑运算。

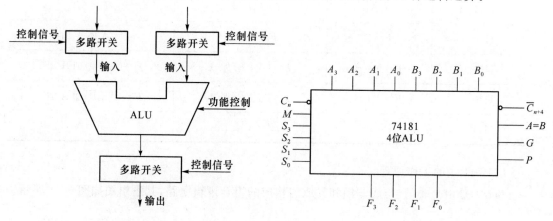

图 3-9 算术逻辑单元 ALU 逻辑表示   图 3-10 SN74181 逻辑符号

⑦ $A=B$ 是数据 A 和数据 B 的比较结果。

⑧ P 和 G 是先行进位链路产生的输出。G 是进位产生输出,P 是进位传递输出。

（2）SN74181 功能表

SN74181 功能表如表 3-3 所示。

表 3-3　74181 正逻辑下的功能表

方式	$M=1$	$M=0$ 算术运算	
$S_3 S_2 S_1 S_0$	逻辑运算	$C_N=1$(无进位)	$C_N=0$(有进位)
0000	$F=\overline{A}$	$F=A$	$F=A+1$
0001	$F=\overline{(A+B)}$	$F=A+B$	$F=(A+B)$加 1
0010	$F=\overline{A} \cdot B$	$F=A+\overline{B}$	$F=(A+\overline{B})$加 1
0011	$F=0$	$F=$减 1(2 的补)	$F=0$
0100	$F=\overline{(AB)}$	$F=A$ 加 $(A \cdot \overline{B})$	$F=A$ 加 $(A \cdot \overline{B})$加 1
0101	$F=\overline{B}$	$F=(A+B)$加 $(A \cdot \overline{B})$	$F=(A+B)$加 $(A \cdot \overline{B})$加 1
0110	$F=\overline{(A \oplus B)}$	$F=A$ 减 B 减 1	$F=A$ 减 B
0111	$F=A \cdot \overline{B}$	$F=(A \cdot \overline{B})$减 1	$F=A \cdot \overline{B}$
1000	$F=\overline{A}+B$	$F=A$ 加 AB	$F=A$ 加 AB 加 1
1001	$F=\overline{A \oplus B}$	$F=A$ 加 B	$F=A$ 加 B 加 1
1010	$F=B$	$F=(A+\overline{B})$加 AB	$F=(A+\overline{B})$加 AB 加 1

方式	M＝1	M＝0算术运算	
1011	$F=AB$	$F=AB$ 减 1	$F=AB$
1100	$F=1$	$F=A$ 加 A	$F=A$ 加 A 加 1
1101	$F=A+\overline{B}$	$F=(A+B)$ 加 A	$F=(A+B)$ 加 A 加 1
1110	$F=A+B$	$F=(A+\overline{B})$ 加 A	$F=(A+\overline{B})$ 加 A 加 1
1111	$F=A$	$F=A$ 减 1	$F=A$

（3）74181 的工作原理

74181 是由与非门、与或非门和异或门构成的组合逻辑电路，其逻辑图如图 3-11 所示。

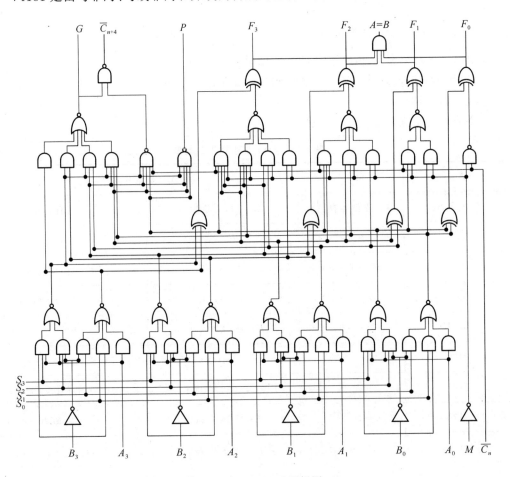

图 3-11 74181ALU 逻辑图

当 M＝L 时，ALU 实现了对 $A_3A_2A_1A_0$ 和 $B_3B_2B_1B_0$ 两个 4 位二进制代码在进位输入 $\overline{C_n}$ 参与下的算术运算。例如，当 $S_3S_2S_1S_0$＝HLLH 时，$F_i=A_i\oplus B_i\oplus C_{n+1}(i=3,2,1,0)$，也就是实现了 2 个输入数据的加法运算。

当 M＝H 时，$F_i＝\overline{P_i\oplus G_i}$，各数据位 A_i 和 B_i 之间没有关系，电路执行逻辑运算。例如，当 $S_3S_2S_1S_0＝$ HLLH 时，$F_i＝\overline{P_i\oplus G_i}＝\overline{A_i\oplus B_i}$，实现了 2 个输入数据的同或操作。

（4）74181 应用

使用 74181 可组成字长为 4 的倍数的 ALU。图 3-12 是用 4 位 74181 芯片进位信号串接组成的 16 位 ALU。

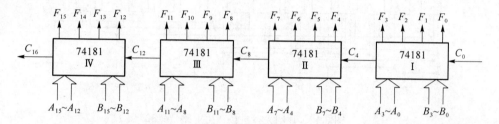

图 3-12　16 位组间串行进位的 ALU

图 3-12 的 16 位 ALU，虽然芯片内部采用先行进位方法，组间为串行进位，运算时间还是比较长的。要提高 ALU 的运算速度，可采用类似位间先行进位的方法，实现片间先行进位。

根据 74181 逻辑图，考虑算术运算时，M＝L，G、P 的逻辑表达式为：

$$P＝\overline{P_3P_2P_1P_0}$$

$$G＝\overline{G_3＋P_3G_2＋P_3P_2G_2＋P_3P_2P_1G_0}$$

$$\overline{C_{n+4}}＝\overline{G\,\overline{P_3P_2P_1P_0}\,\overline{\overline{C_n}}}＝\overline{\overline{G}＋P\,\overline{C_n}}＝\overline{GP＋GC_n}$$

这里的 $\overline{G}$ 是片间进位产生函数，$\overline{P}$ 是片间进位传递函数。

根据 74181 提供的 G、P 信号，可以实现芯片之间的并行运算。在 16 位 ALU 中，高 3 片 74181 的片间进位输入可以表示如下：

$$\overline{C_{n+4}}＝\overline{G}_{(0)}＋\overline{P}_{(0)}\overline{C_n}$$

$$＝\overline{G_{(0)}P_{(0)}＋G_{(0)}C_n}$$

$$\overline{C_{n+8}}＝\overline{G}_{(1)}＋\overline{P}_{(1)}\overline{C_{n+4}}＝\overline{G}_{(1)}＋\overline{P}_{(1)}\overline{G}_{(0)}＋\overline{P}_{(0)}\overline{C_n}$$

$$＝\overline{G_{(1)}P_{(1)}＋G_{(1)}G_{(0)}P_{(0)}＋G_{(1)}G_{(0)}C_n}$$

$$\overline{C_{n+12}}＝\overline{G}_{(2)}＋\overline{P}_{(2)}\overline{C_{n+8}}$$

$$＝\overline{G}_{(2)}＋\overline{P}_{(2)}\overline{G_{(1)}P_{(1)}＋G_{(1)}G_{(0)}P_{(0)}＋G_{(1)}G_{(0)}C_n}$$

$$＝\overline{G_{(2)}P_{(2)}＋G_{(2)}G_{(1)}P_{(1)}＋G_{(2)}G_{(1)}G_{(0)}P_{(0)}＋G_{(2)}G_{(1)}G_{(0)}C_n}$$

实现上述逻辑式的电路逻辑图如图 3-13 所示。这个电路被称为片间先行进位发生器，是实现多片 74181 型 ALU 并行运算的 74182 芯片。

图 3-14 是用 4 片 74181 和 1 片 74182 芯片组成的 16 位快速 ALU。

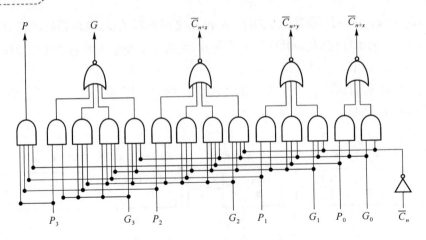

图 3-13 片间先行进位产生电路(74182)

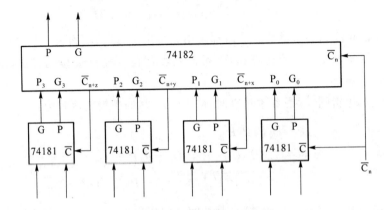

图 3-14 4 片 74181 和 1 片 74182 芯片组成的 16 位快速 ALU

3.2 定点加、减法运算

3.2.1 原码定点加、减法

原码表示数据简单易懂,乘除法运算的规则比较简单,但是原码机中的数据进行加减运算的时候,符号位不能直接参加运算,所以在机器上实现稍微复杂一些。原码进行加减法运算时,符号位和数值位是分开处理的。要先对符号位进行判断。如果是加法运算,就"同号求和,异号求差";如果是减法运算,就"异号求和,同号求差"。

[例 3-1] 已知 $X=-0000011B,Y=-0001010B$,在原码机中计算$[X+Y]_{原}$。

解:原码机中,两个加数的形式是$[X]_{原}=10000011,[Y]_{原}=10001010$

① 判断符号位:$X_S=1,Y_S=1$,两个加数的符号位同号,对数值部分求和。

② 数值部分加法运算:$0000011+0001010=0001101$。

③ 和的机器数:共同符号位在最高位,数值部分在后面。

$[X+Y]_{原}=10001101$

[例 3-2] 已知 $X=-0000011,Y=-0001010$,在原码机中计算$[X-Y]_{原}$。

解：原码机中，两个运算数的形式是$[X]_原=10000011$，$[Y]_原=10001010$

① 判断符号位：$Xs=1$，$Ys=1$，两个数的符号位同号，对数值部分求差。

② 数值部分减法运算，用大的数值位减去小的数值位：$0001010-0000011=000111$

③ 差的机器数：如果绝对值大的数是被减数，则其符号位为结果的符号位；如果绝对值大的数是减数，则其符号位取反为结果的符号位。数值部分在后面。$[X+Y]_原=10000111$

原码做加减运算时，数值位和符号位要分别处理，还是比较麻烦的。为了使运算简单化，计算机中广泛采用补码进行加减运算。

3.2.2　补码定点加、减法

补码运算的特点是数据位和符号位一起运算。补码的加减法公式是：

$$[X+Y]_补=[X]_补+[Y]_补$$
$$[X-Y]_补=[X]_补+[-Y]_补$$

公式的正确性可以从补码的编码规则得到证明。给出当 X 和 Y 为纯小数补码时的证明，整数补码证明同理可得。

证明 1：已知当 X 和 Y 为纯小数时，

$$[X]_补=2+X$$

所以有$[X]_补+[Y]_补=2+X+2+Y=2+(X+Y)=[X+Y]_补$

证明 2：根据前一证明，可知

$$[X]_补+[-X]_补=[X+(-X)]_补=[0]_补=0$$

有$[-X]_补=-[X]_补$

所以$[X-Y]_补=[X]_补+[-Y]_补=[X]_补-[Y]_补$

在补码编码制方法下，补码的减法运算统一采用加法处理，只需用一套加法器就可以实现加减运算，有效地减少了硬件的数量。

［例 3-3］ $X=+0.1010101$，$Y=-0.0010011$，求$[X+Y]_补$和$[X-Y]_补$。

解：$[X]_补=0.1010101$，$[Y]_补=1.1101101$，$[-Y]_补=0.0010011$

$[X+Y]_补=0.1010101+1.1101101=0.1000010$

$[X-Y]_补=0.1010101+0.0010011=0.1101000$

［例 3-4］ 在 8 位补码机中计算 $40-12$。

$[40]_补=00101000$

$[-12]_补=11110100$

$[40-12]_补=00101000+11110100=00011100$

$[40-12]_补=[28]_补=00011100$

3.2.3　溢出及检测

在计算机中，每种数据编码都有其数据表示范围。在运算中发生了数据溢出，则运算结果就不是正确的了。因此，运算器中应设置溢出判断线路和溢出标志位。

计算机中溢出的判断通常有以下几种方法。

（1）根据操作数和运算结果符号位判断

当两个同号数相加或两个异号数相减时,若运算结果与被加数(被减数)的符号不同时,说明发生了溢出。而同号数相减或异号数相加,绝对不会发生溢出。如果用 Xs、Ys、Zs 分别表示两个操作数的符号和结果的符号,则溢出判断电路的逻辑表达式为:

$$V_F = Xs Ys \overline{Zs} + \overline{Xs}\, \overline{Ys} Zs$$

这种方法不仅需要结果的符号位参加判断,还需要保持操作数的编码。

（2）采用变形补码(双符号位)判断法

采用变形补码时,正数的符号位是 00,负数的符号位是 11,若运算结果的符号位为 01 或 10,则发生了溢出。

若用 S_1 和 S_2 表示运算结果的两个符号位,则溢出判断电路的逻辑表达式为:

$$V_F = S_1 \oplus S_2$$

这种判断方法,运算器需要增加一位,来扩展参加运算的数据的符号位。

（3）利用数据编码的最高位(符号位)和次高位(数据最高位)的进位状况判断

两个补码数进行加减时,若最高数值位向符号位的进位值 C_{n-1} 与符号位产生的进位 C_n 输出值不一样,则表明产生了溢出。这种溢出判断的逻辑表达式为:

$$V_F = C_{n-1} \oplus C_n$$

这种办法不需增加加法器电路的位数,又不需保持操作数的编码,所以实现比较简单。

[例 3-5]　设 $X = +1011, Y = +1001$,求 $[X+Y]_补$

$[X]_补 = 01011, [Y]_补 = 01001, [X+Y]_补 = 10100$

采用操作数和运算结果符号位判断方法,$Xs = 0, Ys = 0, Zs = 1$,所以,$V_F = 1$,结果溢出。

采用变形补码运算时,$[X]_补 = 00\ 1011$,$[Y]_补 = 00\ 1001$,$[X+Y]_补 = 01\ 0100$,结果的符号位为 01,所以结果溢出。

采用第三种方法判断,次高位运算时产生进位,而最高位运算时未产生进位,所以结果溢出。

3.2.4　补码加减法运算器

根据补码加减法运算的原理,可以得到补码加减法运算器。补码加减法运算器的组成包括加法器,暂时保存操作数和运算结果的寄存器,以及记录运算结果特征信息的标志寄存器。图 3-15 为补码加减法运算器的逻辑电路。

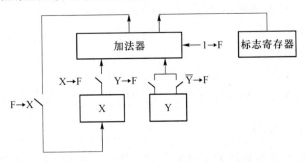

图 3-15　补码加减法运算器的逻辑电路

图中,F 是二进制并行加法器,它有 2 个输入端,1 个输出端。寄存器 X 和 Y 用于存放运算的操作数和运算结果。进位控制信号 1→F,使加法器接收进位输入,实现和的末位+1操作。X→F 控制信号将寄存器 X 中的数据送入加法器。Y→F 控制信号将寄存器 Y 中的数据送入加法器的另一个输入端。$\overline{Y}$→F 控制信号将寄存器 Y 中的数据取反后送入加法器。当 1→F 和 $\overline{Y}$→F 同时有效时,实现了 Y 取补操作。F→X 将加法器的运算结果送到 X 寄存器。

利用图示的补码加减法运算器实现加法 $[X+Y]_{补}$ 的逻辑操作步骤如下。

① 将运算数据 $[X]_{补}$ 输入寄存器 X,$[Y]_{补}$ 输入寄存器 Y。

② 给出控制信号 X→F=1,Y→F=1,且 1→F=0,将 $[X]_{补}$ 和 $[Y]_{补}$ 送入加法器 F 的两个输入端。

③ 加法器完成 $[X+Y]_{补}$ 的加法过程,并置标志寄存器中溢出、进位等标志。

④ 给出控制信号 F→X=1,将加法器 F 的输出结果送入寄存器 X。加法运算结束。

利用图示的补码加减法运算器实现减法 $[X-Y]_{补}$ 的逻辑操作步骤如下。

① 将运算数据 $[X]_{补}$ 输入寄存器 X,$[Y]_{补}$ 输入寄存器 Y。

② 给出控制信号 X→F=1,$\overline{Y}$→F=1,将 $[X]_{补}$ 和 $[\overline{Y}]_{补}$ 送入加法器 F 的两个输入端。

③ 给出控制信号 1→F=1,加法器对接收到的 $[X]_{补}$ 和 $[\overline{Y}]_{补}$ 和进位信号 1 相加,完成 $[X]_{补}$ 和 $[-Y]_{补}$ 的加法运算,并置标志寄存器中溢出、进位等标志。

④ 给出控制信号 F→X=1,将加法器 F 的输出结果送入寄存器 X。减法运算结束。

3.3 定点乘法运算

相对于加减法运算来说,乘法运算复杂得多。计算机中的乘法运算方法多种多样,本节以定点小数运算为例,介绍一些乘法运算方法。

二进制的乘法笔-纸运算过程类似于十进制的乘法运算。

[例 3-6] 已知 $X=+0.1011B,Y=-0.1101B$,用笔-纸运算 $X \times Y$ 的结果。

先判断符号位同号还是异号,因为异号,所以乘积的符号位为一。

乘积的数值为两数的绝对值逐位乘法运算的结果。

$$
\begin{array}{r}
0.1011 \\
\times \quad 0.1101 \\
\hline
1011 \\
0000 \\
1011 \\
1011 \\
\hline
0.10001111
\end{array}
$$

所以 $(+0.1011) \times (-0.1101) = -0.10001111$。

已知被乘数 $X=0.x_1 x_2 x_3 x_4=0.1011$,乘数 $Y=0.y_1 y_2 y_3 y_4=0.1101$,在上述绝对值乘法笔-纸计算过程中具有如下特点。

(1) 用乘数的每一位 $y_i(i=4,3,2,1)$ 去乘以被乘数 X,得到 $X \times y_i$。若 y_i 为 0,则得到 0,为 1,则得到 X。

(2) 把(1)中所求得的各项结果 $X \times y_i$ 在空间上向左错位排列,即逐次左移,可以表示为 $X \times y_i \times 2^i$。

（3）对（2）的结果求和，$\sum_{i=1}^{4}(X \times y_i \times 2^i)$，这就是两个正数的乘积。

3.3.1 原码一位乘法

做乘法运算，采用原码比较简单。原码表示中，符号位的 0、1 表示数据的正负，数值部分就是数据的绝对值。只要将原码的符号位异或就得到积的符号，积的绝对值就是原码数值部分的乘积。

（1）原码一位乘法实现原理

计算机中实现正数乘法，就是类似笔-纸乘法方法。但是为了提高效率等因素，做了以下改进。

① 乘数的每 1 位乘以被乘数得到的结果 $X \times y_i$ 后，将结果与前面所得结果累加，称为部分积 P_i。没有等到所有位计算完了再一次求和，这就节省了保存每次相乘结果 $X \times y_i$ 的开销。

② 每次求得 $X \times y_i$ 后，不是将它左移和前次的部分积 P_i 相加，而是将部分积右移一位与 $X \times y_i$ 相加。因为加法运算始终对部分积中的高 n 位进行。因此，只需一个 n 位的加法器就可实现两个 n 位数的相乘。

③ 对乘数中 y_i 为 1 的位，执行部分积加 X 的运算，对为 0 的位不做加法运算。这样，可以节省部分积的生成时间。

上述思想可以推导如下：

已知两正小数 X 和 Y，$Y=0. y_1 y_2 \cdots y_n$，则

$$
\begin{aligned}
X \times Y &= X \times (0. y_1 y_2 \cdots y_n) \\
&= X \times y_1 \times 2^{-1} + X \times y_2 \times 2^{-2} + X \times y_3 \times 2^{-3} + \cdots + X \times y_n \times 2^{-n} \\
&= 2^{-1}\{\underbrace{2^{-1}[2^{-1} \cdots 2^{-1}}_{n个2^{-1}}(2^{-1}(0+X \times y_n) + X \times y_{n-1}) + \cdots X \times y_2] + X \times y_1\}
\end{aligned}
$$

这个算式可以用递归计算过程实现：

设 P_i 是乘法运算的部分积，则有初始 $P_0 = 0$

$$
\begin{aligned}
P_1 &= 2^{-1}(P_0 + X \times y_n) \\
P_2 &= 2^{-1}(P_1 + X \times y_{n-1}) \\
P_{i+1} &= 2^{-1}(P_i + X \times y_{n-i}) \quad (i=0,1,\cdots,n-1) \\
P_n &= 2^{-1}(P_{n-1} + X \times y_1)
\end{aligned}
$$

而 $X \times Y = P_n$

上述每一步的迭代过程可以归结为：

① 对乘数代码，由低位到高位逐次取出 1 位判断。

② 若 y_{n-i} 的值是"1"，则将上一步的部分积与 X 相加。若 y_{n-i} 的值是"0"，则什么也不做。

③ 将结果右移一位，产生本次的迭代部分积。

整个过程，从乘数的最低位开始 y_n 和部分积 P_0 开始，经过 n 次"判断—加法—右移"循环求出 P_n 为止。P_n 为乘法的结果。

（2）原码一位乘法实现电路

根据上述迭代实现原码一位乘法原理,设计实现两个定点小数乘法的逻辑电路如图 3-16 所示。

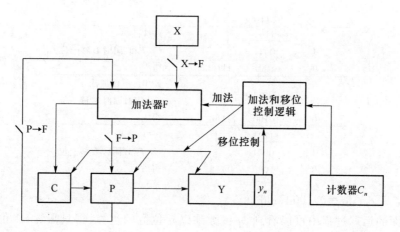

图 3-16 两个定点小数乘法的逻辑电路

图中:

① 寄存器 X:用于存放被乘数。

② 乘商寄存器 Y:运算开始时,用于存放乘数 Y。在乘法运算过程中,乘数已经判断过的位不再有存在的必要,将 Y 寄存器右移,可以将空出的高位部分用于保存部分积的低位部分。

③ 累加寄存器 P:用于存放部分积的高位部分。初始值为 0。运算过程中部分积的低位部分不参加累加计算,通过右移至 Y 寄存器高位保存。等到运算结束时,P 中为部分积的高位部分。

④ 加法器 F:是乘法运算的核心部件。在 Y 的最低位为"1"时,将累加寄存器 P 中保存的上一次迭代部分积和寄存器 X 的内容相加,将结果送至 P。

⑤ 触发器 C:保存加法器运算过程中产生的进位。

⑥ 计数器 C_n:存放循环迭代的次数。初值为 n(乘数的数值位数),每循环迭代一次,C_n 减 1,当 C_n 减到 0 时,乘法运算结束。

这是利用时序逻辑线路原理实现的乘法,乘法运算过程表现为数据经过加法器在各寄存器之间传送的时序控制过程。

（3）原码一位乘法举例

[例 3-7] 已知 $X=+0.1101,Y=+0.1011$,用原码一位乘法逻辑电路运算 $[X \times Y]_原$。

$[X]_原 = 01101,[Y]_原 = 01011$

符号位单独计算:$0 \oplus 0 = 0$

数值部分按照原码 1 位乘法规则计算。

① 从低到高取乘数中 1 位判断。

② 为 0 不做,为 1 加被乘数。

③ 上一步结果右移一位。

循环第一步,直至乘数每位判断完毕。

C	P	Y	说明
0	0000	1011	开始，设$P_0=0$
	+1101		$y_4=1$，$+X$
0	1101		C，P和Y同时右移一位
0	0110	1101	得P_1
	+1101		$y_3=1$，$+X$
1	0011		C，P和Y同时右移一位
0	1001	1110	得P_2
			$y_2=0$，不作加法
			C，P和Y同时右移一位
0	0100	1111	得P_3
	+1101		$y_1=1$，$+X$
1	0001		C，P和Y同时右移一位
0	1000	1111	得P_4

因此，$[X \times Y]_原 = 0.10001111$

在上面的运算过程中可以看到，n 位数乘以 n 位数的运算：①只需 $n+1$ 位的加法器就可以完成。②需要 n 次"判断—运算—右移"操作。

3.3.2 原码两位乘法

原码一位乘法的运算速度相对较慢，为了提高乘法运算速度，可以对乘数每两位取值情况进行判断，一步求出对应于该两位的部分积，这样可以使运算步骤减少一半。

（1）原码两位乘法实现原理

根据前面原码一位乘法的推导，

$$P_i = 2^{-1}(P_{i-1} + X \times y_{n-i+1})$$
$$P_{i+1} = 2^{-1}(P_i + X \times y_{n-i}) = 2^{-1}(2^{-1}(P_{i-1} + X \times y_{n-i+1}) + X \times y_{n-i})$$
$$= 2^{-2}(P_{i-1} + X(y_{n-i+1} + 2 y_{n-i}))$$

根据乘数中相邻两位 $y_{n-i} y_{n-i+1}$，可以由 P_{i-1} 直接求得 P_{i+1}，运算速度提高了。

乘数中连续两位乘数有四种可能组合，则每种组合对应于下列操作：

$$00 \text{——} P_{i+1} = 2^{-2} P_{i-1}$$
$$01 \text{——} P_{i+1} = 2^{-2}(P_{i-1} + X)$$
$$10 \text{——} P_{i+1} = 2^{-2}(P_{i-1} + 2X)$$
$$11 \text{——} P_{i+1} = 2^{-2}(P_{i-1} + 3X)$$

上述操作中，需要将上一步部分积做 $+X$，$+2X$，$+3X$ 运算后右移两位。X 可以在 X 寄存器中获得，$2X$ 可以将 X 寄存器左移一位后得到。$+3X$ 若用 $+X$ 和 $+2X$ 两次加法运算实现，则运算速度较低。

对上述推导做变换，

$$11 \text{——} P_{i+1} = 2^{-2}(P_{i-1} + 3X) = 2^{-2}(P_{i-1} - X + 4X) = 2^{-2}(P_{i-1} - X) + X$$

在本次运算中只执行 $-X$，$+4X$ 则归并到下一拍执行。$-X$ 可以用 $+[-X]_补$ 实现。因为下一拍部分积已右移了两位，上拍欠下的 $+4X$ 就变成了 $+X$。因此，设置一个触发器 T，用于记录本拍是否有欠下 $+X$。这样，原码两位乘法每一步做什么操作，取决于连续两位乘数和 T 的值,运算规则如表 3-4 所示。

表 3-4 原码两位乘法运算规则

y_{i-1}	y_i	T	操作		迭代公式
0	0	0		$0 \to T$	$2^{-2}(P_i)$
0	0	1	$+X$	$0 \to T$	$2^{-2}(P_i+X)$
0	1	0	$+X$	$0 \to T$	$2^{-2}(P_i+X)$
0	1	1	$+2X$	$0 \to T$	$2^{-2}(P_i+2X)$
1	0	0	$+2X$	$0 \to T$	$2^{-2}(P_i+2X)$
1	0	1	$-X$	$1 \to T$	$2^{-2}(P_i-X)$
1	1	0	$-X$	$1 \to T$	$2^{-2}(P_i-X)$
1	1	1		$1 \to T$	$2^{-2}(P_i)$

上述规则中,要注意两点:

① 尽管是原码乘法,在运算时有 $+[-X]_{补}$ 运算,右移时要按补码右移规则进行,即符号位复制到高位空位。

② 由于运算中有 $+2X$ 操作,与部分积累加后可能会产生向第二符号位的进位,因此,部分积要设三个符号位,以防止发生溢出错误。

(2) 原码两位乘法应用举例

[**例 3-8**] 已知 $X=+0.1101,Y=+0.1011$,用原码两位乘法方法计算求 $[X \times Y]_{原}$。

$[X]_{原}=0.1101,[Y]_{原}=0.1011$

符号位单独计算:$0 \oplus 0 = 0$

然后按照原码二位乘法运算规则运算,具体过程如下:

```
    C       P        Y       T      说明
    00     0000     1011     0      开始, 设P₀=0, T=0
   +11     0011                     y₃y₄=11, T=0
    11     0011                     2⁻²(Pi-X), T=1
    11     1100    11|10     1      得P₁
   +11     0011                     y₁y₂=10, T=1
    10     1111    11               2⁻²(Pi-X), T=1
    11     1011    1111|00   1      得P₂
    00    +1101                     T=1补上欠的+X
    00     1000    1111            Pi+X, T=0
```

所以 $[X \times Y]_{原}=010001111$

3.3.3 补码一位乘法

原码乘法容易理解,但是符号位与数值位需要分别处理。计算机中的数据多用补码表示,希望能够用补码直接进行乘法运算。

(1) 补码一位乘法的实现原理

布斯(A. D. Booth)提出了一种算法,将相乘两数用补码表示,它们的符号位和数值位一起参与运算过程,直接得出用补码表示的乘法结果,且正数和负数同等对待。这种算法是补码一位乘法,又称为布斯乘法。

设被乘数 X 和被乘数 Y 均为数据位长 n 位的定点小数,$[X]_补 = x_0 x_1 \cdots x_n$,$[Y]_补 = y_0 y_1 \cdots y_n$

$$[Y]_补 = y_0 \times 2^0 + y_1 \times 2^{-1} + y_2 \times 2^{-2} + \cdots + y_n \times 2^{-n}$$

其中,y_0 为符号位,y_i 是各数据位值,2^i 为各数据位的权。

根据定点小数补码定义,$[Y]_补 = 2 + Y \pmod 2$

有 $Y = -2 + [Y]_补 = -2 + y_0 \times 2^0 + y_1 \times 2^{-1} + y_2 \times 2^{-2} + \cdots + y_n \times 2^{-n}$

(1) 当 $Y > 0$ 时,$y_0 = 0$,有

$$Y = 0 \times 2^0 + y_1 \times 2^{-1} + y_2 \times 2^{-2} + \cdots + y_n \times 2^{-n}$$

(2) 当 $Y < 0$ 时,$y_0 = 1$,有

$$Y = -1 \times 2^0 + y_1 \times 2^{-1} + y_2 \times 2^{-2} + \cdots + y_n \times 2^{-n}$$

可以合并上面两式,

$$
\begin{aligned}
Y = & - y_0 + y_1 \times 2^{-1} + y_2 \times 2^{-2} + \cdots + y_n \times 2^{-n} \\
= & -y_0 + (y_1 - y_1 \times 2^{-1}) + (y_2 \times 2^{-1} - y_2 \times 2^{-2}) + \cdots + (y_n \times 2^{-(n-1)} - y_n \times 2^{-n}) \\
= & (y_1 - y_0) + (y_2 - y_1) \times 2^{-1} + (y_3 - y_2) \times 2^{-2} + \cdots + (y_n - y_{n-1}) \times 2^{-(n-1)} \\
& + (0 - y_n) \times 2^{-n}
\end{aligned}
$$

$$
\begin{aligned}
[X \times Y]_补 = & \{ X \times [(y_1 - y_0) + (y_2 - y_1) \times 2^{-1} + (y_3 - y_2) \times 2^{-2} + \cdots \\
& + (y_n - y_{n-1}) \times 2^{-(n-1)} + (0 - y_n) \times 2^{-n}]\}_补 \\
= & \{ X \times (y_1 - y_0) + 2^{-1}[(y_2 - y_1) \times X + 2^{-1}((y_3 - y_2) \times X + \cdots \\
& + 2^{-1}((y_n - y_{n-1}) \times X + 2^{-1}(0 - y_n) \times X) \cdots) \cdots)]\}_补
\end{aligned}
$$

将上述运算过程用递推实现:

$$[P_0]_补 = 0;$$
$$[P_1]_补 = [2^{-1}(P_0 + (0 - y_n)X]_补$$
$$[P_2]_补 = [2^{-1}(P_1 + (y_n - y_{n-1})X]_补$$
$$[P_3]_补 = [2^{-1}(P_2 + (y_{n-1} - y_{n-2})X]_补$$
$$\cdots$$
$$[P_n]_补 = [2^{-1}(P_{n-1} + (y_2 - y_1)X]_补$$
$$[P_{n+1}]_补 = [P_n + (y_1 - y_0)X]_补 = [X \times Y]_补$$

在已知 $[P_i]_补$ 后,根据乘数中连续两位数 y_{n-i} 和 y_{n-i+1} 的组合,求得 $[P_{i+1}]_补$ 为以下运算:

若 $y_{n-i} y_{n-i+1} = 01$,则 $[P_{i+1}]_补 = [2^{-1}(P_i + X)]_补$

若 $y_{n-i} y_{n-i+1} = 10$,则 $[P_{i+1}]_补 = [2^{-1}(P_i - X)]_补$

若 $y_{n-i} y_{n-i+1} = 00$ 或 11,则 $[P_{i+1}]_补 = [2^{-1}P_i]_补$

最后归纳补码乘法的运算规则如下:

① 乘数最低位增加一个辅助位 0,用于求 P_1 时,和 y_n 组合。

② 判断 $y_{n-i} y_{n-i+1}$ 的值,相应地对上一步部分积执行 $+X$ 或 $-X$,或不做运算。然后右移一位,得到新的部分积。

③ 重复第②步,直到乘数符号位参加判断,执行$+X$或$-X$,或不做运算。不移位。得到乘积。

（2）补码一位乘法应用举例

[例 3-9] 已知 $X=+0.1101$，$Y=-0.1010$，采用布斯乘法计算$[X\times Y]_补$。

$[X]_补=0.1101$，$[Y]_补=1.0110$，$[-X]_补=1.0011$

P	Y	y_{n+1}	说明
00 0000	10110	0	开始，设$y_5=0$，$[P_0]_补=0$
			$y_4y_5=00$，P、Y同时右移一位
00 0000	0 1011	0	得$[P_1]_补$
+11 0011			$y_3y_4=10$，$+[-X]_补$
11 0011			P、Y同时右移一位
11 1001	10 101	1	得$[P_2]_补$
			$y_2y_3=11$，P、Y同时右移一位
11 1100	110 10	1	得$[P_3]_补$
+00 1101			$y_1y_2=01$，$+[X]_补$
00 1001			P、Y同时右移一位
00 0100	1110 1	0	得$[P_4]_补$
+11 0011			$y_0y_1=10$，$+[-X]_补$
11 0111	1110 1		最后一次不右移

$[X\times Y]_补=101111110$

3.3.4 补码两位乘法

（1）补码两位乘法实现原理

为了提高运算速度,补码乘法也可以采用两位一乘的方法。

假设已经用布斯乘法求得部分积$[P_i]_补$,则有

$$[P_{i+1}]_补=2^{-1}\{[P_i]_补+(y_{n-i+1}-y_{n-i})\times[X]_补\}$$

$$[P_{i+2}]_补=2^{-1}\{[P_{i+1}]_补+(y_{n-i}-y_{n-i-1})\times[X]_补\}$$

$$=2^{-1}\{2^{-1}\{[P_i]_补+(y_{n-i+1}-y_{n-i})\times[X]_补\}+(y_{n-i}-y_{n-i-1})\times[X]_补\}$$

$$=2^{-2}\{[P_i]_补+(y_{n-i+1}+y_{n-i}-2y_{n-i-1})\times[X]_补\}$$

因此,可以根据乘数中的两位代码$y_{n-i+1}y_{n-i}$以及右邻位y_{n-i-1}的值的组合作为判断依据,由$[P_i]_补$直接求得$[P_{i+2}]_补$。补码两位乘法的运算规则如表 3-5 所示。

表 3-5 补码两位乘法运算规则

乘数代码对		右邻位	加减判断规则	$[P_{i+2}]_补$
0	0	0	0	$2^{-2}[P_i]_补$
0	0	1	$+[X]_补$	$2^{-2}\{[P_i]_补+[X]_补\}$
0	1	0	$+[X]_补$	$2^{-2}\{[P_i]_补+[X]_补\}$

续 表

乘数代码对		右邻位	加减判断规则	$[P_{i+2}]_补$
0	1	1	$+2[X]_补$	$2^{-2}\{[P_i]_补+2[X]_补\}$
1	0	0	$+2[-X]_补$	$2^{-2}\{[P_i]_补+2[-X]_补\}$
1	0	0	$+[-X]_补$	$2^{-2}\{[P_i]_补+[-X]_补\}$
1	1	0	$+[-X]_补$	$2^{-2}\{[P_i]_补+[-X]_补\}$
1	1	1	0	$2^{-2}[P_i]_补$

补码两位乘法中,需要做$+[X]_补$,$+2[X]_补$,$+2[-X]_补$和$+[-X]_补$四种运算。$+2[X]_补$,$+2[-X]_补$可以通过对$[X]_补$和$[-X]_补$左移一位得到。为了避免左移运算和加减运算时发生溢出,运算中采用3位符号位。

补码两位乘法运算开始前,需要在最低位增加辅助位0。最后一次判断时,若乘数代码不足两位,则扩展符号位。若乘数位数n为偶数,共需进行$n/2$次累加和右移操作,由于最后一步只含一位数值位,所以只右移一位。若乘数位数n为奇数,共需进行$(n+1)/2$次累加和右移,由于最后一步是符号位和最高数值位的运算,所以最后一次不需要右移。

(2) 补码两位乘法应用举例

[例 3-10] 已知$X=+0.0011,Y=-0.0110$,用补码两位乘法求$[X×Y]_补$。

$[X]_补=0.0011,[Y]_补=1.1010,2[X]_补=00110,2[-X]_补=11010,[-X]_补=11101$。

P	Y	y_{n+1}	说明
000 0000	11010	0	开始,设$y_5=0$,$[P_0]_补=0$
+111 1010			$y_3y_4y_5=100$,$+2[-X]_补$
111 1010			P和Y同时右移二位
111 1110	10 110	1	得$[P_1]_补$
+111 1101			$y_1y_2y_3=101$,$+[-X]_补$
111 1011			P和Y同时右移二位
111 1110	1110 1	1	得$[P_2]_补$

$y_0y_0y_1=111$,不做加法
最后一次不右移

$[X×Y]_补=111101110$

3.3.5 阵列乘法器

在计算机内为了提高乘法运算速度,采用多级加法器,排列成阵列结构的形式,可以构成一个实现笔-纸执行过程的乘法器,称为阵列乘法器(Array Multiplier)。

图 3-17 是一个 $4×4$ 位的阵列乘法器的结构框图,它用一个与门实现乘法操作,用 16 个与门和 3 个 4 位加法器完成部分积的相加。

阵列乘法器的组织结构规则性强,标准化程度高,适合用超大规模集成电路实现,能够获得很高的运算速度。

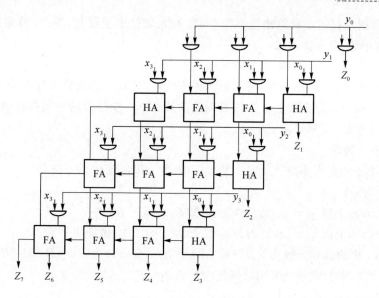

图 3-17　4×4 位的阵列乘法器

3.4　定点除法运算

计算机中的除法运算是参照笔-纸除法运算过程,采用移位和加减运算的迭代过程实现的。我们看一下笔-纸除法运算过程。

[例 3-11]　已知 $X=0.1011$,$Y=0.1101$,采用笔-纸运算求 X/Y 的商和余数。

$$
\begin{array}{r|l}
 & 0.1101 \\
\hline
1101\big) & 1011\ 0 \\
 & 110\ \ \ 1 \\
\hline
 & 100\ \ \ 10 \\
 & 11\ \ \ \ 01 \\
\hline
 & 1\ \ \ 0100 \\
 & 1101 \\
\hline
 & 0.\ 0111 \\
\end{array}
$$

X/Y 的商为 0.1101,余数为 0.0111。

3.4.1　原码除法运算

原码除法对符号位和数值位分别运算。商的符号位为被除数和除数的符号异或值,商的数值为被除数和除数绝对值的商。

计算机做两个正数的除法,参照笔-纸计算过程。为了方便计算机实现,有下面一些考虑。

(1) 笔-纸计算中比较被除数和除数的大小是根据人的观察来实现的,而计算机中需要经过减法运算进行。

(2) 如果被除数减去除数,所得余数为正,上商 1;所得余数为负,上商 0。笔-纸计算中余数添 0 后和除数比较,计算机中采用部分余数左移后和除数比较,左移出界的部分余数的高位都是 0,对运算不产生影响。

（3）计算机进行定点数除法运算时，要求被除数要小于除数，因为，被除数大于等于除数时，商为带小数，会发生溢出。

由于采用部分余数减去除数的方法比较两者大小，当减法结果为负，即上商 0 的时候，破坏了部分余数，为了正确运算，可采取两种方法：①把减去的除数再加回来，恢复原来的余数。这种方法称为恢复余数法。②将多减的除数在下一步运算的时候弥补回来。这种方法称为不恢复余数法，又称加减交替法。

（1）恢复余数法

已知两个正的定点小数 X 和 Y，求 X/Y 的商 q 和余数 R 的方法是

① $R_1 = X - Y$

若 $R_1 < 0$，则上商 $q_0 = 0$。然后恢复余数：$R_1 = R_1 + Y$

若 $R_1 \geqslant 0$，则上商 $q_0 = 1$。此时被除数 X 大于等于 Y，做溢出处理。

② 若第 i 次的部分余数为 R_i，则第 $i+1$ 次的部分余数为 R_{i+1}，$R_{i+1} = 2R_i - Y$

若 $R_{i+1} < 0$，则上商 $q_i = 0$，同时恢复余数 $R_{i+1} = R_{i+1} + Y$

若 $R_{i+1} \geqslant 0$，则上商 $q_i = 1$

③ 循环执行第②步，直到求得所需位数的商。

[例 3-12] 已知 $X = +0.1011$，$Y = -0.1101$，求 $[X/Y]_原$

$[X]_原 = 01011$，$[Y]_原 = 11101$

先计算商的符号位：$0 \oplus 1 = 1$

运算中要减 Y，用 $+[-|Y|]_补$ 实现，所以先求 $[-|Y|]_补 = 10011$

部分余数	商	说明
00 1011	0000 □	开始 $R_0 = X$
+11 0011		$R_1 = X - Y$
11 1110	0000 │0	$R_1 < 0$，则 $q_0 = 0$，
+00 1101		恢复余数：$R_1 = R_1 + Y$
00 1011		得 R_1
01 0110	000 │0	$2R_1$（部分余数和商同时左移）
+11 0011		$-Y$
00 1001	000 │01	$R_2 > 0$，则 $q_1 = 1$
01 0010	00 │01	$2R_2$（左移）
+11 0011		$-Y$
00 0101	00 │011	$R_3 > 0$，则 $q_2 = 1$
00 1010	0 │011	$2R_3$（左移）
+11 0011		$-Y$
11 1101	0 │0110	$R_4 < 0$，则 $q_3 = 0$，
+00 1101		恢复余数：$R_4 = R_4 + Y$
00 1010	0 │0110	得 R_4
01 0100	│0110	$2R_4$（左移）
+11 0011		$-Y$
00 0111	│01101	$R_5 > 0$，则 $q_4 = 1$

$[X/Y]_原 = 11101$，余数为 0.0111×2^{-4}

（2）不恢复余数法（加减交替法）

在恢复余数法的运算中，由于要恢复余数，使得每一步除法操作要进行两次加减法操作，运算速度较慢，控制比较复杂。实际计算机中常用加减交替法，其特点是运算过程中出现不够

减的情况时,不必恢复余数,根据余数符号,继续进行运算。运算步数固定,控制简单。

在恢复余数法中,设恢复余数前第 i 次余数为 R_i',恢复余数后为 R_i,那么

$R_i' = 2R_{i-1} - Y$,

当 $R_i' \geq 0$ 时,上商 1,余数不恢复,$R_i = R_i'$,计算 R_{i+1},左移一位,得 $R_{i+1} = 2R_i - Y$

当 $R_i' < 0$ 时,上商 0,应做恢复余数操作,$R_i = R_i' + Y$,然后计算 $R_{i+1} = 2R_i - Y = 2(R_i' + Y) - Y = 2R_i' + Y$。

因此,当第 i 次的部分余数是负数时,可以跳过恢复余数的步骤,直接求第 $i+1$ 步的部分余数。这种算法称为不恢复余数法,又称为加减交替法。

对于两个正的定点小数 X 和 Y,采用不恢复余数法求 X/Y 的商和余数的基本步骤是:

① $R_1 = X - Y$

若 $R_1 < 0$,则上商 $q_0 = 0$

若 $R_1 \geq 0$,则上商 $q_0 = 1$,当作溢出处理。

② 已求得部分余数 R_i,

若 $R_i < 0$,则上商 $q_{i-1} = 0$;则下一步 $R_{i+1} = 2R_i + Y$

若 $R_i \geq 0$,则上商 $q_{i-1} = 1$;则下一步 $R_{i+1} = 2R_i - Y$。

③ 循环第②步。结束时,若余数为负数,要执行 $+Y$ 恢复余数的操作。

[例 3-13] 已知 $X = +0.1011$,$Y = -0.1101$,求 $[X/Y]_原$ 的商和余数。

$[X]_原 = 01011$,$[Y]_原 = 11101$,

符号位单独计算:$0 \oplus 1 = 1$

运算中需要 $+Y$ 和 $-Y$,先求出 $[-|Y|]_补 = 10011$

部分余数	商	说明
00 1011	0000	开始 $R_0 = X$
+11 0011		$R_1 = X - Y$
11 1110	0000 0	$R_1 < 0$,则 $q_0 = 0$
11 1100	000 0	$2R_1$(部分余数和商同时左移)
+00 1101		$+Y$
00 1001	000 01	$R_2 > 0$,则 $q_1 = 1$
01 0010	00 01	$2R_2$(左移)
+11 0011		$-Y$
00 0101	00 011	$R_3 > 0$,则 $q_2 = 1$
00 1010	0 011	$2R_3$(左移)
+11 0011		$-Y$
11 1101	0 0110	$R_4 < 0$,则 $q_3 = 0$
11 1010	0 110	$2R_4$(左移)
+00 1101		$+Y$
00 0111	0 1101	$R_5 > 0$,则 $q_4 = 1$

$[X/Y]_原 = 11101$,余数为 0.0111×2^{-4}

(3) 正数除法逻辑电路

除法运算的逻辑电路组成如图 3-18 所示,电路中包括:

① 寄存器 R:初始存放被除数,除法运算过程中存放部分余数。除法结束的时候存放余数。

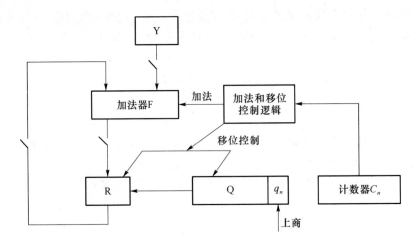

图 3-18　除法运算的逻辑电路

② 寄存器 Y:存放除数。

③ 寄存器 Q:初始值为 0。除法过程中与寄存器 R 同时左移,空出的低位上商。除法运算结束时,存放商的数值。

④ 加法器 F:实现部分余数和除数做减法,比较大小。

⑤ 计数器 C:控制除法的循环次数。初始值为需要的商的位数。每循环一次,自动减1,减到 0 时,除法运算结束。

3.4.2　补码除法运算

补码除法和原码除法相比,规则复杂多了。

补码除法中,符号位和数值位等同参与除法运算,商的符号位在除法运算中产生。而判断部分余数和除数是否够除,不能用两数直接相减的方法来判断,需要根据两数符号是否相同,采用不同的运算判断。判断规则如表 3-6 所示。

表 3-6　补码运算符号判断规则

部分余数$[R]_补$的符号	除数$[Y]_补$的符号	$([R]_补 - [Y]_补)$的符号		$([R]_补 + [Y]_补)$的符号	
		0	1		
0	0	够减,商1	不够减,商0		
0	1			够减,商0	不够减,商1
1	0			不够减,商1	够减,商0
1	1	不够减,商0	够减,商1		

可见,补码除法的运算规则比较复杂,就不介绍了。

3.4.3　阵列除法器

为了提高除法运算的速度,可以采用阵列式除法器。阵列除法器采用组合逻辑电路实现,由于电路比加法器复杂得多,需要采用大规模集成电路实现。图 3-19 是实现加减交替法的阵列除法器电路。

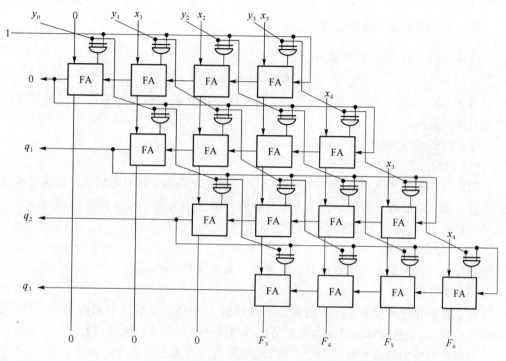

图 3-19　加减交替法阵列除法器

图中用一个异或门与一个全加器构成一个可控制的加减法电路,用一条控制线控制加减法操作。阵列中每一行完成一个字的加法或者减法,实现除法操作中的一个步骤。

3.5　浮点运算

计算机中的数除了定点数表示外,还有浮点数表示。浮点数表示范围大,运算不易发生溢出,在数值计算方面被广泛采用。

下面看一下十进制科学计数法的运算。$X=123\times10^2$,$Y=456\times10^3$

$$X\pm Y =0.123\times10^5\pm0.456\times10^6$$
$$=(0.0123\pm0.456)\times10^6$$

十进制科学计数法的加减运算是先把两个数的阶码调整为相等的值,然后进行尾数的加减运算。

$$X\times Y=0.123\times10^5\times0.456\times10^6$$
$$=(0.123\times0.456)\times(10^{5+6})=0.0056088\times10^{11}=0.56088\times10^9$$

十进制科学计数法的乘法运算是尾数相乘,阶码相加。

$$X\div Y=(0.123\times10^5)\div(0.456\times10^6)$$
$$=(0.123\div0.456)\times(10^{5-6})$$

十进制科学计数法的除法运算是尾数相除,阶码相减。

计算机中的浮点数表示,是十进制科学计数法在计算机内的表示方式,所以,可以根据上述运算方法得到浮点数的运算规则。

3.5.1　浮点加、减法运算

设两个浮点数 X 和 Y 表示为:

$$X = M_x \times 2^{Ex}, Y = M_y \times 2^{Ey}$$

则 $X \pm Y = (M_x \times 2^{Ex-Ey} \pm M_y) \times 2^{Ey}$,即将两个浮点数的阶码调整为相同值后,再对尾数进行加减运算。

浮点数实现加、减运算的步骤为:

(1) 对阶

对阶的目的是使 X 和 Y 的阶码相等。为了防止阶码改变时尾数的移位造成溢出错误,阶码统一取大的阶码。阶码的比较采用两阶码的减法来实现。对阶操作时,原来阶码小的数的尾数右移,右移的位数由两阶码的差值决定。

(2) 尾数相加、减

将经过对阶运算后的尾数部分进行定点小数加或减的运算。

(3) 规格化

浮点数规格化的要求是尾数最高位的真值为1,而浮点尾数运算后的结果可能不符合规格化的要求,尾数运算也可能会发生溢出的情况,所以,要进行规格化处理。

若尾数运算的结果绝对值大于1时,例如尾数的变形补码为 10.xx…x,或 01.xx…x,需要将尾数右移,相应地阶码增加。这称为右规。

若尾数运算的结果绝对值小于1/2,例如尾数的变形补码为 11.1xx…x,或 00.0xx…x,就需要将尾数左移,阶码相应地减小,直至满足规格化条件为止。这个过程称为左规。

(4) 舍入处理

对阶和规格化右规时,尾数右移移出的位对运算结果的精确度有影响,可以保留下来作为警戒位。为了提高运算的精度,需要对尾数采用舍入处理。常用的舍入方法有0舍1入法、恒舍法和恒置1法。

0舍1入:警戒位最高位为1时,在尾数末尾加1,为0时,舍弃所有警戒位。

恒置1法:不论警戒位为何值,尾数的有效最低位都为1

恒舍法:无论警戒位为何值,都舍去。

[例3-14]　已知 $X = 11.011011B, Y = -1010.1100B$,在浮点机中,数符1位,阶符1位,阶码3位,尾数8位。阶码和尾数都采用补码表示。采用恒舍法计算 $[X+Y]_{浮}$。

先在浮点机中正确表示 X 和 Y。$X = 0.11011011 \times 2^{010}, Y = -0.10101100 \times 2^{100}$,按浮点机格式表示为

$$[X]_{浮} = 0\ 0\ 010\ 11011011$$
$$[Y]_{浮} = 1\ 0\ 100\ 01010100$$

求 $[X+Y]_{浮}$ 的过程为:

① 对阶:$\triangle E = E_x - E_y = 00\ 010 + 11\ 100 = 11\ 110 = -2$,则 $E_x < E_y$,取大的阶码,$E_b = E_y = 0\ 100$,对 X 的尾数做右移2位,$[X]_{浮} = 0\ 0\ 100\ 0011011011$

② 尾数加：$M_b = M_x + M_y$

$$
\begin{array}{r}
00\ 0011011011 \\
+\ \ 11\ 01010100 \\
\hline
11\ 10001010\ 11
\end{array}
$$

③ 尾数规格化：尾数没有溢出，但符号位与最高数值位相同，需要左规。

尾数左移 1 位：$M_b = 11\ 00010101\ 1$

阶码减 1：$\qquad E_b = 0\ 011$

④ 舍入处理：采用恒舍法，舍掉警戒位。

$$M_b = 11\ 00010101$$

⑤ 阶码溢出判断：阶码无溢出，所以 $[X+Y]_{浮}$ 无溢出。

$$[X+Y]_{浮} = 1\ 0\ 011\ 00010101$$

即 $X+Y = -0.11101011 \times 2^{011}$

3.5.2 浮点乘、除法运算

浮点数乘除法的运算步骤如下。

① 尾数和阶码运算：两浮点数相乘，乘积的尾数是两乘数的尾数相乘，乘积的阶码是两乘数的阶码求和。两浮点数相除，商的尾数是被除数除以除数的尾数所得的商。商的阶码是被除数的阶码减去除数的阶码得到的差。

② 尾数规格化：对尾数运算的结果进行规格化判断，如果不符合规格化要求，要进行左规或者右规处理。

③ 尾数舍入处理：对尾数运算时多保留的数据位根据需要进行调整。

④ 阶码溢出判断：检查阶码是否溢出，若无溢出则得到运算的最后结果。

3.6 十进制数的加、减法运算

对于 BCD 码或余 3 码组成的十进制数进行加、减法运算，常常是在二进制加、减法运算的基础上通过适当的校正来实现的。校正就是将二进制的"和"转换为所要求的十进制格式。

（1）十进制的加法运算

计算机内实现 BCD 码加法运算时，先做二进制加法运算。一个十进制位的 4 位二进制码向高位进位是"逢十六进一"，这不符合 BCD 码加法运算中，一个十进制位"逢十进一"的原则。

当一个十进制位的 BCD 码加法和大于或等于 1010（十进制的 10）时，就需要进行加 6 修正。

修正的具体规则如下。

① 两个 BCD 数码相加之和等于或小于 1001，即十进制的 9，不需要修正。

② 两个 BCD 数码相加之和大于或等于 1010 且小于或等于 1111，即位于十进制的 10 和 15 之间，需要在本位加 6 修正。修正的结果是向高位产生进位。

③ 两个 BCD 数码相加之和大于 1111,即十进制的 15,加法的过程已经向高位产生了进位,对本位也要进行加 6 修正。

[例 3-15] 用 BCD 码实现十进制数运算 $15+21$,$15+26$

(1) 0001 0101
    0010 0001
────────────
    0011 0110

(2) 0001 0101
    0010 0110
────────────
    0011 1011
         0110
────────────
    0100 0001

第 1 题运算的结果是正确的 BCD 码形式,所以不需要修正,第 2 题的运算结果不是正确的 BCD 码形式,所以需要修正。因为低位的相加之和大于 1010,所以加 6 修正。

(2) 十进制加法器

处理 BCD 码的十进制加法器只需要在二进制加法器上添加适当的校正逻辑就可以了。图 3-20 是一位十进制数加法器,其中包括二级结构。第一级是一个 4 位二进制加法器,执行通常的二进制加法操作,得到 4 位二进制的和以及进位输出。第二级为校正逻辑,根据修正规则中列出的情况产生校正因子 0 或 6。

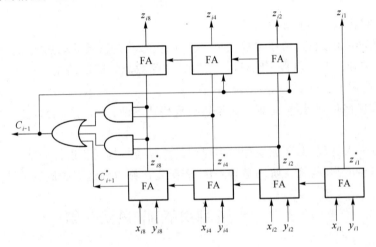

图 3-20　一位十进制数的加法器

用 n 个一位十进制数的 BCD 码加法器可以构成一个 n 位十进制数的串行进位加法器,如图 3-21 所示。

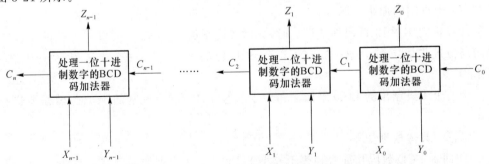

图 3-21　n 位十进制数的 BCD 码串行进位加法器

（3）十进制的减法运算

两个 BCD 码的十进制位的减法运算,通常采用先取减数的模 9 补码或模 10 补码,再将模 9 补码＋1(即模 10 补码)与被减数相加。

求取一个以 BCD 编码的十进制数字的模 9 补码,通常可以采用以下两种方法。

① 先将 4 位二进制表示的 BCD 码按位取反,再加上二进制 1010(十进制 10),加法的最高进位位丢弃。

如 BCD 码 0011(十进制 3)的模 9 补码计算方法为:先对 0011 按位取反得 1100,再将 1100 加上 1010 且丢弃最高进位位得 0110(十进制 6)。0110 就是 0011 的模 9 补码。

② 先将 4 位二进制表示的 BCD 码加上 0110(十进制 6),再将每位二进制位按位取反。

如 BCD 码 0011(十进制 3)的模 9 补码的计算方法为,先计算 0011＋0110＝1001,再对 1001 按位取反得 0110。

[例 3-16] 用 BCD 码计算十进制减法运算 7—2。

先计算减数的模 9 补码:减数的 BCD 码为 0010,加上 0110 后的 1000,再按位取反得 0111。

将减数的模 9 补码＋1 后和被减数做 BCD 码相加:0111＋1＋0111＝1111,进行加 6 修正,得 0101。

（4）BCD 码加减法电路

一个 BCD 码的十进制数字的模 9 补码也可以用组合电路来实现。

设 BCD 码 Y 为 $y_8 y_4 y_2 y_1$,Y 的模 9 补码表示为 $b_8 b_4 b_2 b_1$。$y_8 y_4 y_2 y_1$ 和 $b_8 b_4 b_2 b_1$ 之间的真值表关系如表 3-7 所示。

表 3-7 十进制数字 Y 模 9 补码的真值表

y_8	y_4	y_2	y_1	b_8	b_4	b_2	b_1
0	0	0	0	1	0	0	1
0	0	0	1	1	0	0	0
0	0	1	0	0	1	1	1
0	0	1	1	0	1	1	0
0	1	0	0	0	1	0	1
0	1	0	1	0	1	0	0
0	1	1	0	0	0	1	1
0	1	1	1	0	0	1	0
1	0	0	0	0	0	0	1
1	0	0	1	0	0	0	0

根据真值表可以得到模 9 补码的组合电路,其逻辑符号如图 3-22 所示。其中信号 $M＝0$ 时,$b_8 b_4 b_2 b_1$ 表示 Y 本身;当 $M＝1$ 时,$b_8 b_4 b_2 b_1$ 表示 Y 的模 9 补码。

将 BCD 码的模 9 补码电路和 BCD 码加法器组合在一起,构成如图 3-23 所示的两个

BCD 码的加、减法运算线路。变量 M 选择进行加法或者减法运算的操作。当 $M=0$ 时,输出 $Z=X+Y$,线路执行两个 DCD 码的加法运算。当 $M=1$ 时,同时送入 $C_i=1$,则输出 $Z=X+(9-Y)+1$,线路执行 X 和 Y 模 10 补码的加法,若丢弃最高位的进位位,则相当于执行两个 BCD 码的减法运算。

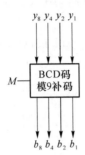

图 3-22　求一个数 Y 的模 9 补码的组合电路

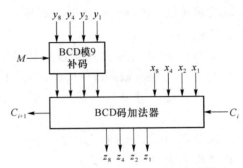

图 3-23　两个 BCD 码的加、减法运算线路

多数计算机同时提供了二进制数和十进制数的运算线路,用户在程序中可以用指令选择需要的二进制或十进制运算。

3.7　实验设计

本节实验的目的是了解 PC 机中运算器、了解 AEDK 模型机的运算器、了解 EL 实验平台的运算器。

3.7.1　PC 机中的运算器

x86 的计算机中,具有完成数据算术运算和逻辑运算的运算器部件以及记录运算情况的标志寄存器。x86 指令系统中具有丰富的算术运算类指令,进行一次数据运算除需将运算结果保存为目的操作数外,通常还会涉及或影响到状态标志。

（1）加法和减法类指令 ADD/ADC

ADD 指令实现两个数据的相加,结果返回目的操作数,并根据运算结果置相应的标志位;而 ADC 指令在对两个数据相加之时,当前的进位标志 CF 也会参加运算,结果返回目的操作数,并根据运算结果置相应的标志位。它们的操作数支持寄存器与立即数、寄存器、存储器间的加减运算,以及存储器与立即数、寄存器间的加减运算。

步骤 1：在 PC 机上运行下面程序段,比较 ADD 和 ADC 指令的执行结果。

MOV　AX,1234H; AX = 1234H

MOV　CX,AX; CX = AX = 1234H

MOV　BX,0001; BX = 0001H

STC; 设 CF = 1,为了测试对 ADD 指令是否有影响

ADD　AX,BX; AX = AX + BX = 1235H,不会将 CF 的值加进来,执行后置标志寄存器

STC; CF = 1,为了测试对 ADC 指令是否有影响

ADC CX,BX; CX = CX + BX + CF = 1236H,指令执行前的 CF 值会影响结果,执行后置标志寄存器

程序执行过程如图 3-24 所示。

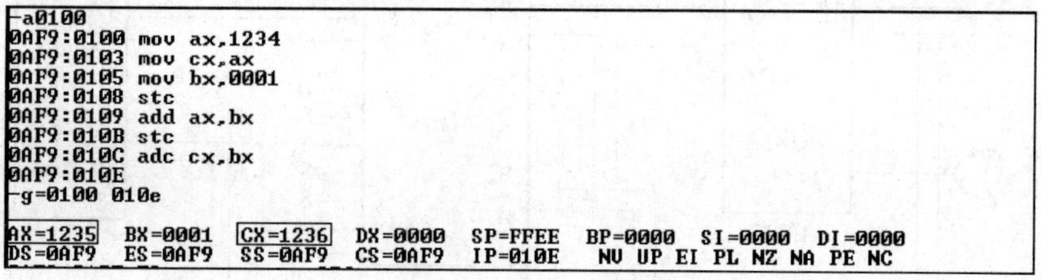

```
-a0100
0AF9:0100 mov ax,1234
0AF9:0103 mov cx,ax
0AF9:0105 mov bx,0001
0AF9:0108 stc
0AF9:0109 add ax,bx
0AF9:010B stc
0AF9:010C adc cx,bx
0AF9:010E
-g-0100 010e

AX=1235  BX=0001  CX=1236  DX=0000  SP=FFEE  BP=0000  SI=0000  DI=0000
DS=0AF9  ES=0AF9  SS=0AF9  CS=0AF9  IP=010E   NU UP EI PL NZ NA PE NC
```

图 3-24 程序执行过程

（2）逻辑运算指令 AND／OR／NOT／XOR

逻辑运算指令包括逻辑与 AND、逻辑或 OR、逻辑非 NOT、逻辑异或 XOR 指令。

步骤 1：以下程序段用于将 11010101B 和 00101010B 这 2 个二进制数做与、或、异或逻辑运算，用 DEBUG 跟踪调试这些指令，了解它们的功能和对标志位的影响。注意，DEBUG 中只能输入十六进制。

MOV AL, 11010101B；AL = 11010101B

MOV BL,AL；BL = AL = 11010101B

MOV CL,AL；CL = AL = 11010101B

AND AL, 00101010B；AL = 00H

OR   BL, 00101010B；BL = 0FFH

XOR CL, 00101010B；CL = 0FFH

程序执行过程如图 3-25 所示。

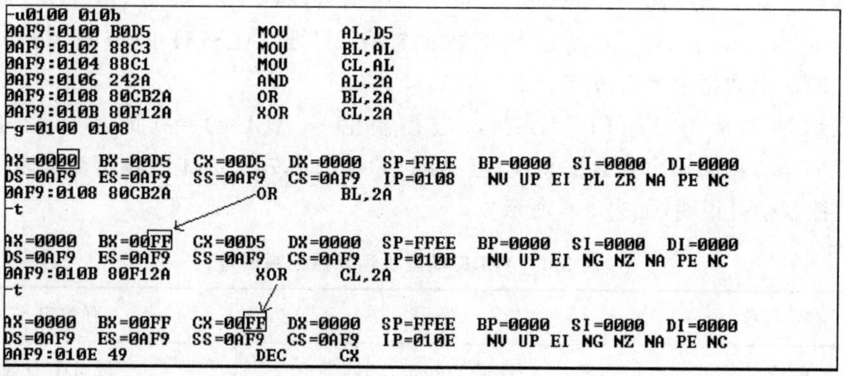

```
-u0100 010b
0AF9:0100 B0D5        MOV      AL,D5
0AF9:0102 88C3        MOV      BL,AL
0AF9:0104 88C1        MOV      CL,AL
0AF9:0106 242A        AND      AL,2A
0AF9:0108 80CB2A      OR       BL,2A
0AF9:010B 80F12A      XOR      CL,2A
-g-0100 0108

AX=0000  BX=00D5  CX=00D5  DX=0000  SP=FFEE  BP=0000  SI=0000  DI=0000
DS=0AF9  ES=0AF9  SS=0AF9  CS=0AF9  IP=0108   NU UP EI PL ZR NA PE NC
0AF9:0108 80CB2A        OR         BL,2A
-t

AX=0000  BX=00FF  CX=00D5  DX=0000  SP=FFEE  BP=0000  SI=0000  DI=0000
DS=0AF9  ES=0AF9  SS=0AF9  CS=0AF9  IP=010B   NU UP EI NG NZ NA PE NC
0AF9:010B 80F12A        XOR        CL,2A
-t

AX=0000  BX=00FF  CX=00FF  DX=0000  SP=FFEE  BP=0000  SI=0000  DI=0000
DS=0AF9  ES=0AF9  SS=0AF9  CS=0AF9  IP=010E   NU UP EI NG NZ NA PE NC
0AF9:010E 49          DEC       CX
```

图 3-25 程序执行过程

3.7.2 AEDK 实验机的运算器

（1）实验机 ALU 单元实验构成如图 3-26 所示。

运算器由两片 74LS181 构成 8 位字长的 ALU 单元。运算器的 2 个数据输入端分别由 2 个 74LS374 锁存，可通过 8 芯扁平电缆直接连接到数据总线。运算器的数据输出由一片 74LS244（输出缓冲器）来控制，可通过 8 芯扁平电缆直接连接到数据总线。

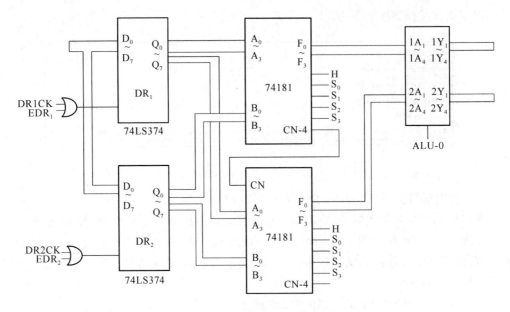

图 3-26　算术逻辑单元逻辑示意图

（2）ALU 单元的工作原理

输入寄存器 DR_1 的 EDR_1 为低电平并且 DR1CK 为电平正跳变时,把来自数据总线的数据打入寄存器 DR_1,同样通过 EDR_2、DR2CK 可把数据打入 DR_2。

算术逻辑运算单元的核心是由 2 片 74LS181 组成,它可以对 2 个 8 位的二进制数进行算术逻辑运算,74LS181 的各种工作方式可通过设置控制信号来实现(S_0、S_1、S_2、S_3、M、CN)。当实验者正确设置了 74LS181 的各个控制信号,74LS181 会对 DR_1、DR_2 寄存器内的数据进行运算。由于 DR_1、DR_2 已经把数据锁存,只要 74LS181 的控制信号不变,那么 74LS181 的输出数据也不会改变。

输出缓冲器采用三态门 74LS244,当控制信号 ALU-O＝0 时,74LS244 开通,把 74LS181 的运算结果输出到数据总线;当 ALU-O＝1 时,74LS244 的输出为高阻。

（3）控制信号说明(如表 3-8 所示)

表 3-8　AEDK 模型机运算器控制信号

信号名称	作用	有效电平
EDR_1	选通 DR_1 寄存器	低电平有效
EDR_2	选通 DR_2 寄存器	低电平有效
DR1CK	DR_1 寄存器工作脉冲	上升沿有效
DR2CK	DR_2 寄存器工作脉冲	上升沿有效
$S_0 \sim S_3$	74LS181 工作方式选择	
M	逻辑或算术选择	

续表

信号名称	作用	有效电平
CN	有无进位输入	
CCK	进位寄存器的工作脉冲	上升沿有效
ALU-O	74LS181 计算结果输出至总线	低电平有效

（4）实验内容及步骤

步骤 1：两个二进制数逻辑或运算实验

操作示例：实现两个数 33H 和 55H 的或运算，结果用数据总线上的灯 $IDB_0 \sim IDB_7$ 显示出来。

① 用扁平数据电缆把 CPT-A 上的 ALU-IN（8 芯的盒型插座）和 CPT-B 上的 $J_1 \sim J_3$ 中任意一个 8 芯的盒型插座（对应上部的 8 个数据二进制开关）相连。用短扁平电缆把 CPT-A 上的 ALU-OUT（8 芯的盒型插座）和总线上的数据总线 DJ_2（8 芯的盒型插座）相连。

② 把 DR1CK 和 DR2CK 用信号线都连到脉冲单元的 $PLS_1 \sim PLS_4$ 中任意一个。把算术逻辑单元模块上的 EDR_1、EDR_2、ALU-O、S_0、S_1、S_2、S_3、CN、M 用信号线接到 CPT-B 上 8 个二进制开关，代表 8 个控制信号输入开关。最好选择对应有标识的开关。但不能是上一步选择的开关。

③ 从二进制开关输入数据和控制信号。

数据输入开关：置 33H

H_{23}	H_{22}	H_{21}	H_{20}	H_{19}	H_{18}	H_{17}	H_{16}
0	0	1	1	0	0	1	1

控制信号：

EDR_1	EDR_2	ALU-O	S_0	S_1	S_2	S_3	CN	M
0	1	0	0	1	1	1	1	1

④ 按 PLS 对应的脉冲按键，在 PLS 上产生一个上升沿的脉冲，把 33H 打入 DR_1 寄存器，通过逻辑笔或示波器来测量确定 DR_1 寄存器（74LS374）的输出端，来确定总线数据是否进入 DR_1 中。

⑤ 从二进制开关输入数据和控制信号。

数据输入开关：置 55H

H_{23}	H_{22}	H_{21}	H_{20}	H_{19}	H_{18}	H_{17}	H_{16}
0	1	0	1	0	1	0	1

控制信号：

EDR$_1$	EDR$_2$	ALU-O	S$_0$	S$_1$	S$_2$	S$_3$	CN	M
1	0	0	0	1	1	1	1	1

⑥ 按 PLS 对应的脉冲按键，再产生一个上升沿的脉冲，把 55H 打入 DR$_2$(74LS374)。通过逻辑笔或示波器来测量确定 DR$_2$ 寄存器(74LS374)的输出端，来确定总线数据是否进入 DR$_2$ 中。

⑦ 74LS181 根据控制信号完成计算，把运算结果(F＝A 或 B)输出到数据总线上，数据总线上的显示灯 IDB$_0$-IDB$_7$ 应该显示为 77H。

步骤 2：不带进位两数加法运算实验

操作示例：将 33H 和 55H 相加，结果用数据总线上的灯 IDB$_0$～IDB$_7$ 显示出来

① 用扁平数据电缆把 ALU-IN(8 芯的盒型插座)插入数据输入板上的 J$_1$～J$_3$ 中任意一个 8 芯的盒型插座(对应数据二进制开关)相连。用短扁平电缆把 ALU-OUT(8 芯的盒型插座)和总线上的数据总线 DJ$_2$ 相连。

② 把 DR1CK 和 DR2CK 用信号线一起连到脉冲单元的 PLS$_1$～ PLS$_4$ 中任意一个。把算术逻辑单元模块上的 EDR$_1$、EDR$_2$、ALU-O、S$_0$、S$_1$、S$_2$、S$_3$、CN、M 用信号线接到 CPT-B 上 8 个二进制开关，代表 8 个控制信号输入开关。最好选择对应有标识的开关。但不能是上一步选择的开关。

③ 从二进制开关输入数据和控制信号。

数据输入开关：置 33H

H$_{23}$	H$_{22}$	H$_{21}$	H$_{20}$	H$_{19}$	H$_{18}$	H$_{17}$	H$_{16}$
0	0	1	1	0	0	1	1

控制信号：

EDR$_1$	EDR$_2$	ALU-O	S$_0$	S$_1$	S$_2$	S$_3$	CN	M
0	1	0	1	0	0	1	1	0

④ 按 PLS 对应的脉冲按键，在 PLS 上产生一个上升沿的脉冲，把 33H 打入 DR$_1$ 寄存器。通过逻辑笔或示波器来测量确定 DR$_1$ 寄存器(74LS374)的输出端，来确定总线数据是否进入 DR$_1$ 中。

⑤ 从二进制开关输入数据和控制信号。

数据输入开关：置 55H

H$_{23}$	H$_{22}$	H$_{21}$	H$_{20}$	H$_{19}$	H$_{18}$	H$_{17}$	H$_{16}$
0	1	0	1	0	1	0	1

控制信号:

EDR$_1$	EDR$_2$	ALU-O	S$_0$	S$_1$	S$_2$	S$_3$	CN	M
1	0	0	1	0	0	1	1	0

⑥ 按 PLS 对应的脉冲按键,再产生一个上升沿的脉冲,把 55H 打入 DR$_2$(74LS374)。

⑦ 74LS181 根据控制信号完成计算,把运算结果(F＝A 加 B)输出到数据总线上,数据总线上的显示灯 IDB$_0$～IDB$_7$应该显示为 88H。

3.7.3 EL 实验机的运算器

1. 运算器电路

本模块由算术逻辑单元 ALU 74181(U$_7$、U$_8$、U$_9$、U$_{10}$)、暂存器 74LS273(U$_3$、U$_4$、U$_5$、U$_6$)、三态门 74LS244(U$_{11}$、U$_{12}$)和控制电路 EP1K10 等组成。74181 是 4 位运算器,由 4 片 74181 构成 16 位运算器。三态门 74LS244 作为输出缓冲,由 ALU-G 信号控制。ALU-G＝0 时,三态门打开,输出输入端的数据;ALU-G＝1 时,三态门关闭,输出呈高阻。

74LS273 作为 2 个数据暂存器,其控制信号 LDR$_1$ 和 LDR$_2$ 为高电平时,在 T$_4$ 脉冲的前沿,数据被送入暂存器保存。运算器逻辑结构如图 3-27 所示。74181 的功能控制条件由 S$_3$、S$_2$、S$_1$、S$_0$、M、C$_n$ 决定。功能表如表 3-3 所示。

2. 实验连线

按图 3-28 连接。

3. 实验内容:对两个数据做运算

(1) 向 LT$_1$ 数据暂存器置数

① 拨动清零开关 CLR,使指示灯先灭再亮。

② ALU-G＝1,C-G＝0。这些信号操作完成关闭 ALU 的三态门,打开数据输入电路的三态门。

③ 将数据开关 D$_{15}$～D$_0$ 拨动表示出数据 1。

④ LDR$_1$＝1,LDR$_2$＝0。这些信号操作完成使数据暂存器 LT$_1$ 的控制信号有效,数据暂存器 LT$_2$ 的控制信号无效。

⑤ 按下【单脉冲】按钮。这些信号操作完成给暂存器 LT$_1$ 送工作时钟。上升沿有效,将数据暂存在 LT$_1$ 中。

(2) 向 LT$_2$ 数据暂存器置数

① 将数据开关 D$_{15}$～D$_0$ 拨动表示出数据 2。

② LDR$_1$＝0,LDR$_2$＝1。这些信号操作完成使数据暂存器 LT$_1$ 的控制信号无效,数据暂存器 LT$_2$ 的控制信号有效。

③ 按下【单脉冲】按钮。这些信号操作完成给暂存器 LT$_2$ 送工作时钟。上升沿有效,将数据暂存在 LT$_2$ 中。

④ LDR$_1$＝0,LDR$_2$＝0。这些信号操作完成使数据暂存器 LT$_1$、LT$_2$ 的控制信号无效。

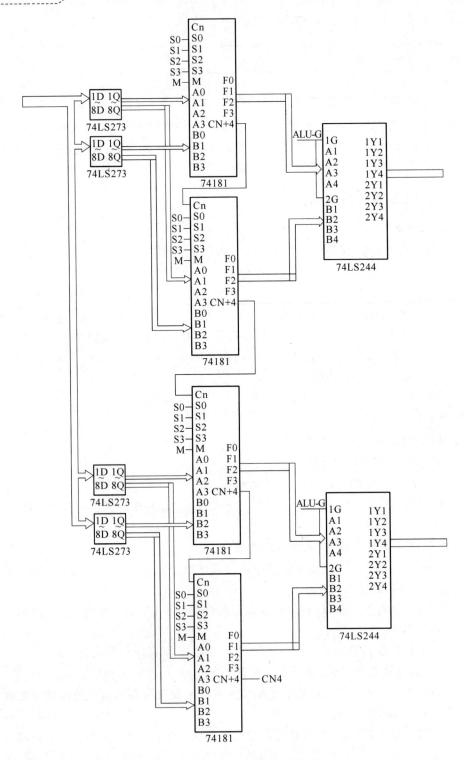

图 3-27　EL 实验系统运算器结构

（3）检查数据暂存器 LT_1、LT_2 的数据是否正确

① C-G＝1，ALU-G＝0。这些信号操作完成关闭数据输入电路的三态门。打开 ALU

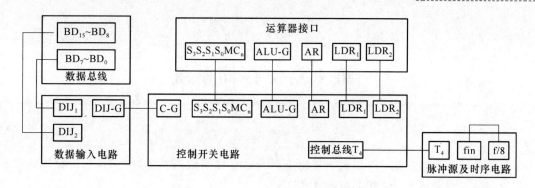

图 3-28 EL 实验系统运算器实验连线

的三态门。

② $S_3S_2S_1S_0M=11111$。这些信号操作完成数据总线上显示数据暂存器 LT_1 中的数。

③ $S_3S_2S_1S_0M=10101$。数据总线上显示数据暂存器 LT_2 中的数。

(4) 改变 $S_3S_2S_1S_0M$ 的值,完成各种计算,读出输出值

习 题 3

1. 采用 8 位寄存器 74LS244 和 74181、74182,设计具有并行运算功能的 16 位补码二进制加减法运算器。画出逻辑框图。

2. 已知二进制数 $X=0.1001,Y=-0.1011$,完成下列计算:

(1) 求 $[X+Y]_{补}$,$[X-Y]_{补}$

(2) 用原码一位乘法计算 $[X\times Y]_{原}$

(3) 用布斯乘法计算 $[X\times Y]_{补}$

(4) 用补码 2 位乘法计算 $[X\times Y]_{补}$

(5) 用 2 种方法计算 $[X/Y]_{原}$ 的商和余数

3. 假设浮点机中,1 位符号位,阶码 3 位,尾数 4 位(含符号位),采用 0 舍 1 入法,用浮点补码运算下面题目。

(1) $3.125+6.325$ (2) $3.125-6.325$

第4章 存储系统

计算机主存储器是计算机的重要组成部分。存储系统的优劣,特别是它的存取速度和存取容量关系着整个计算机系统的优劣。

4.1 存储器概述

4.1.1 存储器的主要性能指标

存储器评价的主要标准是大容量、高速度和低价格。

存储器的容量是指存储器能容纳的二进制信息总量,通常用字节表示。常用的单位有字节 B(Byte),千字节 KB(Kilo Byte),兆字节 MB(Mega Byte),吉字节 GB(Giga Byte)。$1\text{ KB}=2^{10}\text{ B},1\text{ MB}=2^{20}\text{ B},1\text{ GB}=2^{30}\text{ B}$。

存储器的速度可用存取时间、存储周期和存储器带宽来描述。

(1)存取时间是从存储器接到读命令起,到信息被送到存储器输出端总线上所需的时间。存取时间取决于存储介质的物理特性及使用的读出机构的特性。

(2)存储周期是存储器进行一次完整的读写操作所需要的全部时间,也就是存储器进行连续两次读写操作所允许的最短间隔时间。存储周期往往比存取时间大,因为存储器读或写操作后,总会有一段恢复内部状态的恢复时间。存储周期的单位常采用 us 或 ns(毫微秒)。

(3)存储器的带宽表示存储器单位时间内可读写的字节数(或二进制的位数),又称为数据传输率。

存储器的价格可用总价格或每位价格来表示。存储器的成本包括存储单元本身的成本和完成读写操作必需的外围电路的成本。

4.1.2 存储器分类

(1)按存储元件分类

用半导体器件构成的存储器称半导体存储器,采用半导体器件的导通(有电流)或者截止(无电流)表示数据 0 或 1;磁性材料存储器主要是磁芯存储器和磁表面存储器,后者又分为磁盘存储器和磁带存储器,采用磁性材料的不同磁性方向表示数据 0 或 1;光介质存储器一般做成光盘,利用光盘表面对极细的激光束的反射程度来区别存 0 还是存 1。

(2)按存取方式分类

① 顺序存取存储器(Sequentially Addressed Memory,SAM):存储器中的信息顺序存放或读出,其存取时间取决于信息存放位置。磁带是典型的顺序存取存储器,读取磁带上的

数据时,只能沿着磁带顺序逐块查找。

②　随机存取存储器(Random Access Memory,RAM):这类存储器可以在任一时刻按地址访问存储器中任一个存储单元,而且访问时间与地址无关,都是一个存取周期。半导体存储器一般属于这类存储器。

③　直接存取存储器(Direct Addressed Memory,DAM):此类存储器存取信息时,首先选取需要存取的信息所在的区域,然后用顺序方式存取。磁盘属于直接存储器,它对磁道的寻址是随机的,在磁道上寻找扇区时采用顺序寻址。

(3) 按工作方式分

①　读写存储器(Read /Write Storage,RWS):这类存储器既能存入数据也能从中读出数据。

②　只读存储器(ROM):在正常读写操作下这类存储器的内容只能读出而不能写入。

(4) 按存储器在计算机中的功能分类

①　高速缓冲存储器(Cache):计算机系统中的高速小容量存储器,接近 CPU 的工作速度,用来临时存放指令和数据,一般由双极型半导体组成。

②　主存储器:主存储器是计算机系统中的重要部件,用来存放计算机运行时的大量程序和数据,主存储器一般由 MOS 半导体存储器构成,比高速缓冲存储器的容量大。CPU 能够直接访问的存储器称内存储器,高速缓存和主存都是内存储器。

③　辅助存储器:辅助存储器又称外存储器。外存储器主要由磁表面存储器,光存储器组成。外存储器的特点是容量大。

现代计算机中,把各种不同容量和不同存取速度的存储器按一定的结构有机地组织在一起,程序和数据按不同的层次存放在各级存储器中,使整个存储系统具有较好的速度、容量和价格等方面的综合性能指标。

存储系统层次结构由三类存储器构成。主存和辅存构成一个层次,高速缓存(Cache)和主存构成另一个层次,如图 4-1 所示。“高速缓存—主存”这个层次主要解决存储器的速度问题。“主存—辅存”层次主要解决存储器的容量问题。

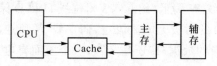

图 4-1　存储系统层次结构示意图

4.2　半导体读写存储器

半导体读写存储器简称 RWM,习惯上也称为 RAM。半导体 RAM 具有体积小、存取速度快等优点,因而适合作为内存储器使用。

半导体读写存储器按工艺不同可将半导体 RAM 分为双极型 RAM、MOS 型 RAM。MOS 型 RAM 又分为静态 RAM 和动态 RAM 两类。

4.2.1 半导体基本存储单元

基本存储单元是用来存储一位二进制位的电路,是存储器最基本的存储元件,又称位单元。

(1) 双极型半导体存储位单元工作原理

用两个反向交叉耦合的三极管和两个电阻,构成双极型半导体存储位单元用来存储一位二进制,图 4-2 是电路和逻辑符号。

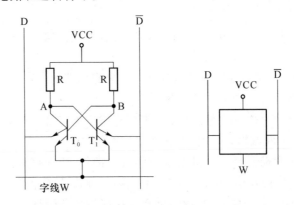

图 4-2 双极型半导体存储位单元电路和逻辑符号

该存储线路具有两种稳定状态,可以用来表示一位二进制信息。其中 W 线是字驱动线,简称字线 W,D 和 $\overline{D}$ 并称为位线。设定 T_0 导通 T_1 截止表示"0",反之表示"1"。该存储电路的读、写工作原理如下。

① 写入操作:使字线 W 为高(约 3.6 V)。若要写入"1",在位线 D 上加高电位(约 4.2 V),$\overline{D}$ 为中间电位(约 1.4 V)。因 T_0 管的两射极均为高,使 T_0 截止,A 点电位高。A 点连着 T_1 管的基极,使 T_1 导通,这样就写入了"1"。若要写入"0",在位线 D 上为中间电位,$\overline{D}$ 上加高电位,就能使 T_0 导通 T_1 截止,将"0"存入该线路。

② 存储数据保持:字线 W 为低(约 0.4 V),位线 D 和 $\overline{D}$ 保持中间电位(约 1.4 V)。此时三极管连接位线 D 和 $\overline{D}$ 的射极无电流流过,而字线 W 所连的射极根据三极管的原来的导通截止情况(即原来记录的数据"1"还是"0"),一个上面有电流,一个没有,维持原写入的状态。

③ 读出操作:使字线 W 为高(约 3.6 V),位线 D 和 $\overline{D}$ 保持中间电位(约 1.4 V)。因为字线 W 为高,位线 D 和 $\overline{D}$ 保持中间电位,使得连接字线 W 的射极截止,连接位线的射极必有一个有电流。若原来记录的数据为"1",T_0 截止 T_1 导通,这时 $\overline{D}$ 有电流;若原来保存的数据是"0",T_0 导通 T_1 截止,这时 D 线上有电流。可根据位线上的电流情况,知道原来存储的信息是"1"还是"0"。

(2) 静态 MOS 存储位单元工作原理

用 6 个 MOS 场效应管构成六管 MOS 基本存储位单元,电路如图 4-3 所示。

六管 MOS 基本存储位单元的读写原理如下。

设定 T_1 管截止,T_2 管导通状态表示 1,相反状态表示 0,则电路可以完成一位二进制信息写入、保存、读出操作。

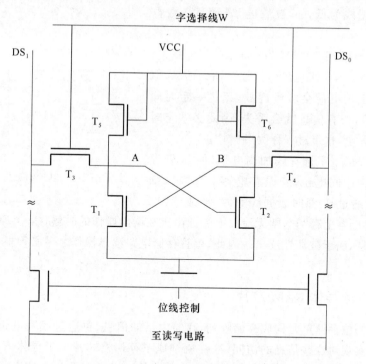

图 4-3　六管 MOS 基本存储位单元电路

① 写入操作:在字线 W 线上加一个高电位的字脉冲,使 T_3 和 T_4 导通。若要写入"1",在 DS_0 线上加低电位。则 B 点电位下降,T_1 管截止,A 点电位上升,使 T_2 管导通,则数据"1"写入成功。若要写"0",在 DS_1 上加低电位,使 A 点电位下降,则 T_2 管截止,B 点电位上升,T_1 管导通,实现写"0"。

② 存储数据保持:字选线 W 加低电位,T_3 和 T_4 管截止,T_1 和 T_2 与外界隔离,保持原有状态(即信息)不变。

③ 读出操作:字选线 W 上加高电位,T_3 和 T_4 导通。若原来存储的是数据"1",则 A 点是高电平,DS_1 线上也为高电平;B 点是低电平,DS_0 上是低电平。DS_1 的高电平和 DS_0 的低电平使读出电路产生"读 1"信号。若原来存储的是数据"0",则 DS_1 上为低电平,DS_0 上为高电平,使读出电路产生"读 0"信号。

从六管静态 RAM 位单元电路中可以看出,即使在位单元不工作时,也有电流流过该电路,所以功耗较大。

(3) 动态 MOS 存储位单元工作原理

动态 MOS 存储位单元利用电容来保存信息的,设定电容充有电荷表示存储"1",电容放电表示存储"0"。在信息保持状态下,存储位单元中没有电流流动,因而大大降低了功耗。

采用一个 MOS 管和一个电容可以构成单管 MOS 动态存储位单元,结构简单,集成度很高。图 4-4 是单管动态位单元电路,其中 T 管是字选择控制管,读写该单元时通过加选通脉冲使其导通。

单管 MOS 存储位单元电路的工作原理是:

① 写入操作:字选择线加高电平,使 T 管导通。当数据线为高,Cs 被充电,表示写入数

据"1",当数据线为低,Cs 被放电,表示写入数据
"0"。

② 存储数据:字选择线为低电平,T 管截止,
Cs 与数据线隔离,本来应该保持原存储的信息,但
是因为电容上的电荷会缓慢泻放,超过一定时间
(2～3.3 ms),原有信息就会丢失,因此必须定时
给电容补充充电,这个过程称为"刷新"。

③ 读出操作:字选择线加高电平,使 T 管导
通。数据线为中间电位,若原有电容上存"1",则
Cs 上的电荷通过 T 管向数据线泄放,形成读"1"

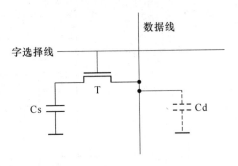

图 4-4　单管动态位单元电路

信号;若原有电容上存"0",则无泄放电流。由于在读出操作的时候,Cs 上原有电荷泄放,破
坏了原有信息,属于破坏性读出。因此,单管存储电路读出操作之后必须根据读出的内容进
行重写。

4.2.2 半导体 RAM 芯片

用大量的位存储单元构成存储阵列,存储大量的信息,再通过读写电路、地址译码电路
和控制电路实现对这些信息的访问,这样就构成了存储器芯片。半导体 RAM 存储器芯片
主要有静态存储器芯片和动态存储器芯片两种。静态存储器芯片的速度较高,但它的单位
价格即每字节的价格较高;动态存储器芯片的容量较高,但速度比静态存储器慢。

(1) 静态存储器芯片(SRAM)的结构和工作原理

静态存储器芯片由存储体、读写电路、地址译码和控制电路等部分组成。

① 存储体(存储矩阵):由大量的存储位单元构成的阵列组成。阵列中包含很多行,每
行由多列存储单元构成。阵列中用行选通线选择一行中的存储单元,再用列选通线选择一
行中的某一个存储单元将数据读出。如图 4-5 中是容量为 4096 字节的存储器,4096 个存储
单元排成 64×64 的矩阵,由行选通线(X)和列选通线(Y)来选择所需用的单元。

② 地址译码器:地址译码器的输入信号线是访问存储器的地址编码,地址译码器把用
二进制表示的地址转换成驱动读写操作的选择信号。地址译码有两种方式:一种是单译码
方式,适用于小容量存储器;另一种是双译码方式,适用于容量较大的存储器。

在单译码方式下,地址译码器只有一个,其输出选中某个地址对应的字或字单元的多
位位单元。当地址位数较多时,单译码结构的输出线数目较多。如 4096 字节的存储器,地
址位数为 12,则单译码结构要求译码器具有 4096 根输出线,这在实现上是有困难的。

双译码方式下,地址译码器分为 X 和 Y 两个译码器,分别用于产生一个有效的行选通
信号和一个有效的列选通信号,行选通线和列选通线都有效的存储单元被选中。这种方式
每个译码器都比较简单,可减少数据单元选通线的数量。如存储器地址位数为 12,分成 6
位行地址送入 X 译码器,6 位列地址送入 Y 译码器。2 个译码器的输出线总数为 128 根。

③ 驱动器:由于选通信号线要驱动存储阵列中的大量单元,因此需要在译码器输出后
加一个驱动器,用驱动输出的信号去驱动连接在各条选通线上的各存储单元。

④ I/O 电路:I/O 电路(输入输出电路)处于数据总线和被选中的单元之间,用以控制被
选中的单元读出或写入,并具有放大数据信号的作用。数据驱动电路对读写的数据进行读

写放大,增加信号的强度,然后输出到芯片外部。

⑤ 片选控制:产生片选控制信号,选中芯片。

⑥ 读/写控制:根据 CPU 给出的信号控制被选中存储单元做读操作还是写操作。

4096 字节静态 RAM 芯片结构图如图 4-5 所示。

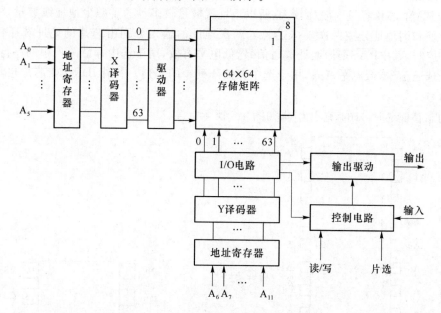

图 4-5　4096 字节静态 RAM 芯片结构图

以上介绍的是存储器芯片的物理结构。在逻辑上,存储芯片的容量经常用字数 $M \times$ 位数 N 表示。字数 M 表示存储芯片中的存储阵列的行数,位数 N 表示存储阵列的列数,即数据宽度。存储器芯片的字数影响到芯片所需的地址线数量,数据宽度则对应着芯片的数据线数量。如 1024×4 的存储芯片,有 10 条地址线($2^{10} = 1024$)和 4 条数据线。

静态存储器芯片的引脚接口信号通常有:

Address:地址信号,一般表示为 A_0、A_1、A_2…

Data:数据信号,一般表示为 D_0、D_1、D_2…

$\overline{CS}$:芯片选择信号,低电平时说明该芯片被选中。

$\overline{WR}$:写允许信号,低电平表示写操作。

$\overline{RD}$:读允许信号,低电平表示读操作。

静态存储器芯片逻辑示意图如图 4-6 所示。

不同的存储芯片产品控制信号名称会有差别,信号的有效电平也有差别。如有的芯片上片选信号常表示为 CS(高电平有效)或者 $\overline{CE}$(芯片许可,Chip Enable)。有些芯片上读写信号合并为 $\overline{WE}$,低电平表示写操作,高电平表示读操作。有些芯片上数据线是单向的,用 D_{in} 表示数据输入信号线,用 D_{out} 表示数据输出信号线。

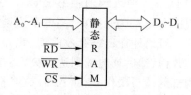

图 4-6　静态存储器芯片逻辑示意图

如静态 MOS 存储器芯片 62256,芯片引脚图如图 4-7 所示。62256 容量为 32 KB,即 32 K×8。32 K 个存储字单元,每个字单元 8 位数据宽度。芯片地址引脚为 $A_0 \sim A_{14}$;数据

引脚为 $I/O_0 \sim I/O_7$；片选信号为 $\overline{CE}$，低电平有效；读/写控制信号为 $\overline{WE}$，低电平为写操作，高电平为读操作。

（2）动态存储器 DRAM 芯片的结构和工作原理

用动态存储位单元构成阵列，加上控制电路制作成动态存储器 DRAM 芯片。但是由于动态 RAM 芯片容量一般比较大，所以地址线数量较多。为了减少地址线数量，将地址分成行地址和列地址分成两次输入芯片。两次地址的输入分别由芯片的地址选通信号 $\overline{RAS}$ 和 $\overline{CAS}$ 控制，其中 $\overline{RAS}$ 是行地址选通信号，低电平有效，用于选中存储阵列中的一行；$\overline{CAS}$ 是列地址选通信号，低电平有效，用于选中存储阵列中的一列。另外，DRAM 芯片也具有读写控制信号。

动态存储芯片 4164，芯片引脚如图 4-8 所示。

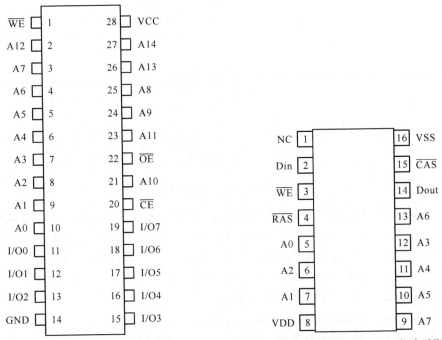

图 4-7　存储器芯片 62256 芯片引脚图　　　　图 4-8　动态存储芯片 4164 芯片引脚图

4164 的容量为 64 K×1。芯片地址引脚为 $A_0 \sim A_7$；数据输入引脚为 D_{in}，数据输出引脚为 D_{out}；行地址选通信号是 $\overline{RAS}$，列地址选通信号是 $\overline{CAS}$，低电平有效；读/写控制信号为 $\overline{WE}$，低电平为写操作，高电平为读操作。

行地址在 $\overline{RAS}$ 有效前到达芯片的地址输入端，经过一段访问时间后，将行地址输入到芯片内；然后列地址到达，使 $\overline{CAS}$ 有效一段延时时间，将列地址输入到芯片内，这时启动芯片内部的读写操作。在 $\overline{CAS}$ 有效时根据 $\overline{WE}$ 的电平状态，进行读操作或者写操作。若为读操作，数据将从数据线上输出。若为写操作，外部提供的写入数据输入到芯片中。不论是读操作还是写操作，$\overline{RAS}$ 和 $\overline{CAS}$ 的有效时间都必须保持一定的长度，并且在撤销后到下一次有效必须经过一段时间。

4.2.3　用存储芯片构成主存储器

存储器和 CPU 之间的连接包括地址线、数据线和控制线的连接。CPU 访问存储器的时候,通过地址线提供要访问的存储器单元字的地址信息;CPU 的 R/$\overline{\text{W}}$(高电平表示读,低电平表示写)提供对存储器的读写控制信号;CPU 的数据线可以直接和存储器连接。

通常一个存储器芯片不能满足计算机存储器的字数要求和数据宽度的要求,需要用许多存储器芯片构成所需的主存储器。具体构成主存储器时,首先要选择存储芯片的类型,是 SRAM 还是 DRAM,还要考虑容量扩展的技术。用若干存储芯片构成一个存储系统的方法主要有位扩展法、字扩展法和字位扩展法。

(1) 位扩展

位扩展法用于增加存储器的数据位,即是用若干片位数较少的存储器芯片构成具有给定字长的存储器,而存储器的字数与存储芯片上的字数相同。位扩展时,各存储芯片上的地址线及读/写控制线对应相接,而数据线单独引出。

[例 4-1] 用 4096×1 的芯片构成 4 KB 存储器。

解:存储器芯片容量 4096×1,需要的存储器容量 4 KB,则$(4 \text{ K} \times 8)/(4096 \times 1) = 8$,共需要 8 片存储器芯片。芯片连接如图 4-9 所示。

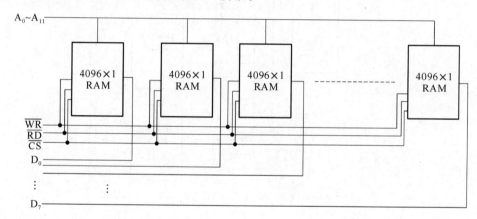

图 4-9 用 4096×1 的芯片构成 4 KB 存储器逻辑图

每块芯片的 $A_0 \sim A_{11}$ 地址线连接在一起,接收来自 CPU 地址线提供的地址信息,选定芯片内部的一个字单元。

每块芯片的 $\overline{\text{CS}}$ 片选信号连接在一起,与 CPU 提供的控制信号或者高位的地址线连接,用于选择所有存储芯片。

每块芯片的 $\overline{\text{RD}}$ 连接在一起,与 CPU 提供的读信号连接。每块芯片的 $\overline{\text{WR}}$ 信号连接在一起,与 CPU 提供的写信号连接。当 CPU 发出读写信号时,所有芯片可以同时进行读写操作。

CPU 对存储器读写操作时,每块存储器芯片的一位数据线可以和 CPU 的 8 位数据线进行数据交流,从而实现 CPU 访问一次存储器,可以有 8 位数据操作。

(2) 字扩展

当存储芯片中每个单元的位数与 CPU 字长相同时,如果所要求的存储器容量大于一片芯片的容量,就要采用字扩展法,在字方向上进行扩充,而位数不变。字扩展时,各存储芯片的低位地址线连接在一起,高位地址译码后连接各芯片的片选信号 $\overline{\text{CS}}$。每个存储芯片均提供 CPU 需要的多位数据。

[**例 4-2**] 用 16 K×8 芯片构成 64 K×8 存储器。

解:用所需的存储器总容量除以每个芯片容量,则(64 K×8)/(16 K×8)=4,一共需要 4 片存储器芯片。连接如图 4-10 所示。

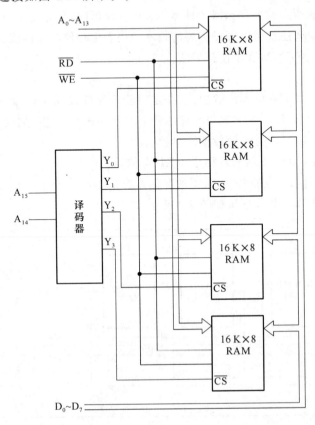

图 4-10 用 16 K×8 构成 64 K×8 存储器逻辑图

每块芯片的 $A_0 \sim A_{13}$ 地址线连接在一起,与 CPU 提供的低位地址线 $A_0 \sim A_{13}$ 连接,用于选定存储芯片内部的字单元。

CPU 提供的高位地址线 A_{14}、A_{15} 连接到译码器的输入端,在输出端产生各存储芯片的片选信号。

CPU 的读写信号和各存储芯片的读写信号相连接,提供芯片的读写控制信号。

各存储芯片的数据线并联,某片芯片在被选中进行读写操作时,能和 CPU 进行 8 位数据的操作。

(3) 混合扩展

当选用的存储芯片容量和每个单元的位数都不能满足所需要的存储器要求时,就需要进行字位同时扩展,称为字位扩展,即混合扩展。

混合扩展时,将各存储芯片的地址线与 CPU 提供的低位地址线相连,CPU 提供的高位地址通过译码后连接各存储芯片的片选信号,有些存储芯片的片选会同时被选中。每个芯片提供选中的字单元中多位数据,同时被选中的多块芯片一起提供 CPU 需要的多个字。

[**例 4-3**] 用 1 K×4 的芯片构成 4 K×8 的存储器。

解:根据所需存储器容量和存储芯片容量,计算所需芯片数量:(4 K×8)/(1 K×4)=8

片。芯片连接如图 4-11 所示。

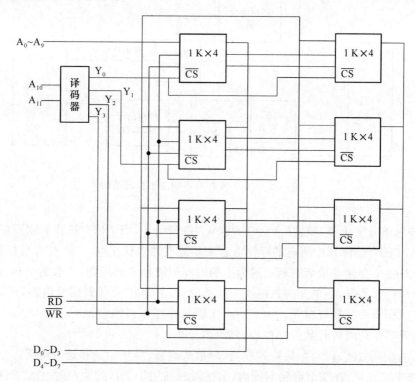

图 4-11　用 1 K×4 的芯片构成 4 K×8 的存储器逻辑图

各存储芯片上的 $A_0 \sim A_9$ 地址线连接到 CPU 的低位地址线。CPU 提供的高位地址线 A_{10}、A_{11} 连接到译码器,产生存储器芯片所需要的片选信号。由于一块存储芯片选中时只能向 CPU 提供 4 位数据线,所以,需要将两块存储芯片的片选连接在一起。片选连在一起的两块存储芯片,4 位数据线分别连接 CPU 的 4 位数据线,可以给 CPU 提供 8 位数据。

(4) 用 DRAM 芯片构成主存储器

如果选用 DRAM 芯片构成存储器,DRAM 芯片的地址分行地址和列地址,增加了 $\overline{RAS}$ 和 $\overline{CAS}$ 信号,而 CPU 访问存储器时,地址信息是同时提供的,这就需要一个控制电路,以生成存储器需要的控制信号,并且将地址信息分成行地址和列地址,并按读写工作时序送出。另外,DRAM 的刷新操作一般也在存储器控制电路的控制下进行。存储器控制电路用一个计数器提供一个刷新的行地址,对存储阵列中的一行数据读出,经过信号放大后再写回,就完成了一次刷新操作。这个控制电路就是 DRAM 控制器,它是 CPU 和 DRAM 芯片之间的接口电路。

DRAM 控制器的主要组成结构如图 4-12 所示,组成部分包括:

① 地址多路开关:将 CPU 送来的地址转换为分时向 DRAM 芯片送出的行地址和列地址。

② 刷新定时器:定时产生 DRAM 芯片的刷新请求信号。

③ 刷新地址计数器:DRAM 芯片是按行进行刷新的,需要一个计数器提供刷新行地址。

④ 仲裁电路:如果来自 CPU 的访存请求和来自刷新定时器的刷新请求同时产生,由仲

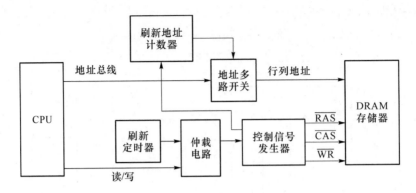

图 4-12　DRAM 控制器的主要组成结构

裁电路进行优先权仲裁。

⑤ 控制信号发生器：提供 $\overline{RAS}$、$\overline{CAS}$ 和 $\overline{WR}$ 控制信号，用于读写操作和刷新操作的控制。

DRAM 的存储阵列中所有的存储电容必须周期地重新充电，上次对整个存储器刷新结束到下次对整个存储器全部刷新一遍为止的时间间隔称刷新周期，一般为 2 ms。刷新时没有列地址和 $\overline{CAS}$ 信号，各单元的数据读写彼此隔离，并且不会送到读放电路，所以"刷新"操作一次可以刷新一行所有单元。为了使一次刷新操作尽可能多地对一些单元进行操作，芯片的存储阵列排列时使行数少一些，而列数多一些。

常用的刷新方式有四种：集中式刷新、分散式刷新、异步刷新和透明刷新。

① 集中式刷新：在整个刷新间隔内，前一段时间用于正常的读/写操作。而在后一段时间停止读写操作，逐行进行刷新。在整个刷新间隔内进行的刷新操作的次数，正好是将存储器全部刷新一遍所需要的操作次数，所以用于刷新的时间最短。但是，它在一段较长的时间里不能进行正常的读/写操作（这个时间段称死区）。

② 分散式刷新：一个存储周期的时间分为两段，前一段时间用于正常的读/写操作，后一段时间用于刷新操作。这样不存在死区，但是每个存储周期的时间加长。

③ 异步刷新：上述两种方式结合起来构成异步刷新。在 2 ms 时间内必须轮流对每一行刷新一次。这种刷新方式比前二种效率高。

④ 透明刷新：CPU 在取指周期后的译码时间内，存储器为空闲阶段，可利用这段时间插入刷新操作，这不占用 CPU 时间，对 CPU 而言是透明的。这时设有单独的刷新控制器，刷新由单独的时钟、行计数与译码独立完成，目前高档微机中大部分采用这种方式。

［例 4-4］ 若 128×128 矩阵的动态存储芯片中，设每个读写周期和刷新操作都为 0.5 us，刷新间隔为 2 ms，比较计算 3 种刷新方式的刷新次数，读写次数和效率。

解： ① 集中式刷新：刷新操作集中在一段时间内，次数为全部刷新一遍的操作次数。

存储阵列有 128 行，所以刷新次数为 128 次。刷新时间为 128×0.5 us＝64 us。可以进行的读写次数为 (2000−64)/0.5 us＝3 872 次。刷新周期中存在 64 us 死区。

② 分散式刷新：在存储读写周期中完成刷新操作。

在存储周期中，进行读写和刷新，需 0.5＋0.5＝1 us，那么在刷新周期里读写和刷新次数为 2000/1＝2 000 次，其中读写次数 2 000 次，刷新次数 2 000 次。这种方式，没有死区，但读写次数少，刷新次数多。

③ 异步刷新：将刷新次数平均分配到刷新周期中，则 2 ms 内必须对每一行刷新一次。

刷新次数为 128 次,则刷新间隔:2 000/128＝15.5 us。每个 15.5 us 中 15 us 读写,0.5 us 刷新,则读写次数 15/0.5＝30,总的读写次数为 30×128＝3 840 次。这种方式没有死区,并且读写次数也较高。

在现在的动态存储器产品中,刷新控制电路都包括在存储器芯片中,芯片外部只需给出启动刷新操作的控制信号。

4.3　半导体只读存储器

只读存储器是只能读出信息,而不能写入的随机存储器,用于存储计算机中的一些固定程序,如计算机的启动程序。与 RAM 相比,ROM 工作速度与 RAM 相当,但结构要比 RAM 简单得多,从而集成度高,造价低,功耗比 RAM 小,而且可靠性高,无掉电丢失信息,不需刷新。

根据只读存储器的工艺,半导体只读存储器可分为 ROM、PROM、EPROM 和 EEPROM(E^2PROM)等类型。

4.3.1　掩模只读存储器(Masked ROM)

掩膜 ROM 存储的信息由生产厂家在掩膜工艺过程中"写入",用户不能修改。掩膜 ROM 根据存储元件分双极型和 MOS 型两种。

图 4-13 是 MOS 型只读存储器。对某根选中的字线来说,若它与某个位线之间有 MOS 管连接,位线为低,称为存储"1",若没有 MOS 管连接,位线为高,该位存储"0"。

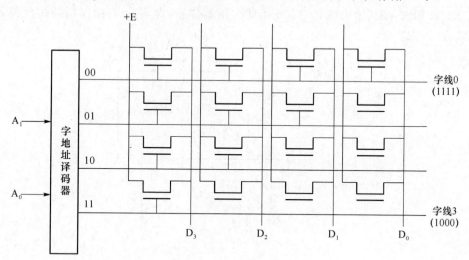

图 4-13　4×4MOS 型掩膜 ROM

图 4-14 是双极型只读存储器。当某根选中的字线送出"选中"(高)电位时,若被选中的字的位线上三极管的发射极是连通的,则位线上读出"1",否则读出"0"。

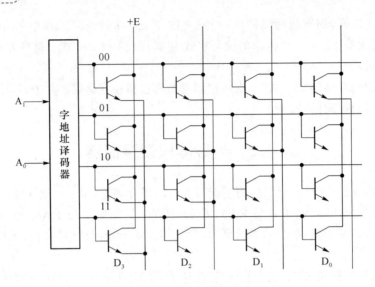

图 4-14   4×4 双极型掩膜 ROM

4.3.2   可编程 ROM(PROM)

可编程 ROM(PROM)出厂时各个存储单元都是 1 或 0,允许用户用特定的电编程器向 ROM 中通过加过载电压写入数据,写入后,再不能修改。PROM 有双极型镍铬熔丝式和双极型短路结式两种。

双极型镍铬熔丝式 PROM 的每个存储单元都是一个连有熔丝的三极管,如图 4-15 所示。用户使用时,用正常电流 $10 \sim 100$ 倍的大电流烧断,即写入 0;而保留的熔丝位置数据为 1。

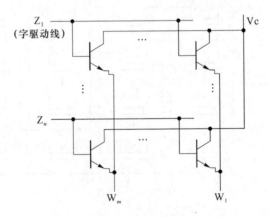

图 4-15   双极型镍铬熔丝式 PROM

双极型短路结式 PROM 的每个单元都是由两个 PN 结 D_1 和 D_2 反向连接构成,如图 4-16 所示。写入数据"1"时,字线上加电压,位线上偏置的二极管 D_1 被击穿,造成 PN 结短路;若写"0",则位线上不加电压,PN 结未烧穿。

4.3.3   可擦除和编程的 ROM(EPROM)

可擦除和编程的 ROM(EPROM)是一种可多次改写的 ROM,改写时可用紫外线照射,

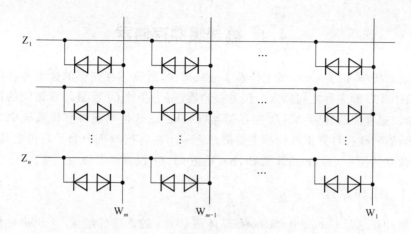

图 4-16 双极型短路结式 PROM

擦除原数据。EPROM 按结构可分为浮动栅型 MOS 和叠栅雪崩注入型 MOS 两种。

浮动栅型 MOS 存储单元的构造如图 4-17 所示。当在存储单元的源和漏间加上 50 V 左右的电压时,此 MOS 管会引起雪崩,由于隧道效应,电子注入到浮动栅上。当浮动栅上聚积的电荷足够多时,源漏导通,存储单元变成 1。浮动栅处于四周绝缘状态,电荷不会丢失,所以存储的数据可以长久保存。当用紫外线照射时,可释放掉浮动栅上积存的电荷,存储单元恢复到原始状态。

一般把 EPROM 芯片上的石英窗口对着紫外线灯($12\ mW/cm^2$ 规格),距离 3 cm 远,照射 8～20 分钟,即可抹除芯片上的全部信息。

4.3.4 电擦除电改写只读存储器(EEPROM)

EPROM 芯片擦除数据时需要将芯片从线路板上取下并用紫外线照射,而且只能整片擦除,不能按单元擦除,对于改写操作不够方便。电擦除电改写只读存储器(EEPROM 或 E^2PROM)在读数据上和 EPROM 一样,优点是可以采用高电压来擦除和重编程,对于现场编程很方便。

E^2PROM 存储单元的结构如图 4-18 所示。擦除数据时将控制栅接地,同时将源极 S 端加较高正电压,将浮栅置于一个较强的电场中,在电场力的作用下,浮栅上的自由电子会越过绝缘层进入源极,达到擦除的目的。

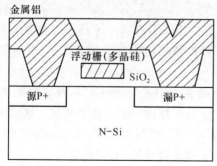

图 4-17 浮动栅型 MOS 存储单元

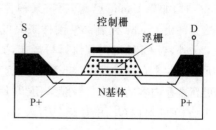

图 4-18 E^2PROM 存储单元结构

4.4 高速缓冲存储器

计算机系统中,因为 CPU 的工作速度提高很快,所以对存储器的速度和容量的要求越来越高。在 CPU 和主存之间插入一快速存储器,用于存放 CPU 最经常访问的指令或操作数据,这个快速存储器称为高速缓冲存储器(Cache)。这是当前计算机系统中为了提高运行速率所采取的改进计算机结构的主要措施之一。在高档微机中为了获得更高的效率,不仅设置了独立的指令 Cache 和数据 Cache,还把 Cache 设置成二级或三级。

4.4.1 工作原理

高速缓冲存储器 Cache 由 Cache 存储体和 Cache 控制部件组成。Cache 存储体通常由双极型半导体存储器或 SRAM 组成。Cache 控制部件是完成 Cache 管理算法的硬件电路,这个电路对程序员透明。Cache 的组成结构如图 4-19 所示。

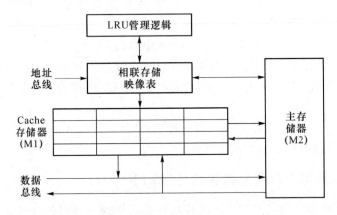

图 4-19 Cache 结构简图

在具有高速缓冲存储器的存储体系中,当 CPU 发出访问主存的操作请求后,CPU 要访问的主存地址送到 Cache,经相联存储映像表进行地址变换,就是把主存地址转换为 Cache 地址,如果 CPU 要访问的内容在 Cache 中,称为"命中",则从 Cache 中读取数据送 CPU。如果 CPU 要访问的内容不在 Cache 中,称"不命中"或"失靶",则 CPU 送来的地址直接送到主存,在主存中读取数据,同时主存和 Cache 之间还要交换数据。为了便于在 Cache 和主存间交换数据,Cache 和主存空间都划分为大小相同的页,即主存空间的页和 Cache 空间页所包含的字节数相同。Cache 空间的分配以及数据交换都以页为单位进行。在主存内容写入Cache 时,如果 Cache 已满,要按某种替换策略选择被替换的内容。地址变换、替换策略等算法全部由 Cache 控制部件硬件来完成。

另外,当 CPU 对内存执行写操作,要写的内容恰在 Cache 中,则 Cache 内容被更改,但该单元对应的主存内容尚没有改变,这就产生了 Cache 和主存内容不一致的情况。这就需要选择更新主存内容的算法。一般采用"写回法(Write back)"和"写直达法(Write through)"。写回法是 CPU 对内存写的信息只写入 Cache,在 Cache 页被替换时,先将该页内容写回主存后,再调入新页。写直达法又称存直达法,在每次 CPU 进行写操作时,将信息也写回主存。这样,在页替换时,就不必将被替换的 Cache 页内容写回,而可以直接调入新页。

4.4.2 映像方式

CPU 提供给 Cache 的地址是主存地址,要访问 Cache,必须把主存地址转换为 Cache 地址,这种地址变换叫作地址映像。常用的地址映像方式有全相联映像、直接映像和组相联映像。

(1) 全相联映像方式

全相联方式的映像规则是:主存中任一页可装入 Cache 内任一页的位置。采用相联存储器中的目录表来存放地址映像关系,即记录 Cache 中每一页所对应的主存中的页。主存地址分为主存页号和页内地址,Cache 地址分为 Cache 页号和页内地址。主存-Cache 地址转换过程如图 4-20 所示。

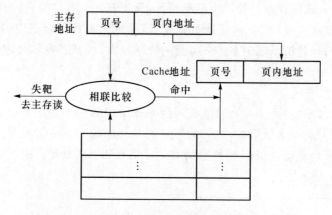

图 4-20 全相联映像方式主存-Cahce 地址转换过程

主存中一页数据装入 Cache 中一页后,将主存页号存入目录表中对应 Cache 页号的行单元中。当 CPU 送出主存地址后,让主存页号与目录表中各行单元中的页号作相联比较。如果有相同的,则将对应行的 Cache 页号取出,拼接上页内地址就形成了 Cache 地址。如相联表中无相同的页号,表示主存页未装入 Cache,失靶,则去主存读。

[例 4-5] 若 Cache 中有 4 页,主存中有 16 页。每页有 4 个字节。写出主存地址和 Cache 地址的对应关系。

解:Cache 有 4 页,共 4×4=16 个字节,所以字节地址为 4 位,最后 2 位为页内地址,前 2 位为页号。

主存共有 16×4=64 个字节,所以字节地址为 6 位,最后 2 位为页内地址,最高 4 位是标记。得到地址对应关系如图 4-21 所示。

[例 4-6] Cache 中有 4 页,主存中有 16 页。每页有 4 个字节。已知 Cache 中目录表(存储映像表)如表 4-1 所示。写出 CPU 连续访问主存中第 01H 单元、31H 单元和 36H 单元的命中情况。

图 4-21 例 4-5 地址对应关系

表 4-1 存储映像表

00	0000	10	0001
01	1100	11	0110

解:主存地址 6 位,前 4 位为主存页号,后 2 位为页内地址。

CPU 送出主存地址 01H＝000001H,主存页号为 0000。在相联映像表中查表,找到了表中登记的主存页号 0000,所以,命中。并且得到对应的 Cache 页号为 00,即主存中 0000 页,在 cache 的 00 页。拼接上页内地址,就是在 Cache 的 0001 单元。

CPU 送出主存地址 30H＝110000H,主存页号为 1100。在相联映像表中查表,找到了表中登记的主存页号 1100,所以,命中。并且得到对应的 Cache 页号为 01,即主存中 1100 页,在 Cache 的 01 页。拼接上页内地址,就是在 Cache 的 0100 单元。

CPU 送出主存地址 36H＝110110H,主存页号为 1101。在相联映像表中查表,表中没有登记主存页号 1101,所以,Cache 未命中,要去访问主存。

全相联映像方式的优点是块冲突概率最低,只要 Cache 有空闲页,便可装入。只有当全部装满后,才会出现冲突。Cache 访问过程中,需要依次查找目录表中的每一行,全部查完才能确定不命中,计算机系统中 Cache 容量一般都较大,目录表容量大,查表速度难以提高,所以目前很少使用。

(2) 直接映像方式

直接映像方式中,一个主存页只能放入到 Cache 中的一个固定页中。直接映像的方法是将主存地址对 Cache 页数取模,得到的结果就是映像的 Cache 的页号。主存地址分为页面标记、页号和页内地址,Cache 地址分为 Cache 页号和页内地址。主存地址-Cache 地址转换过程如图 4-22 所示。

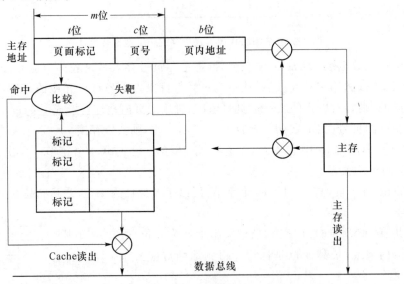

图 4-22 直接映像方式主存地址-Cache 地址转换过程

主存中某一页按照映像关系装入 Cache 中规定页后,将主存标记部分装入相联映像表中对应 Cache 页的行中。

[例 4-7] 若 Cache 中有 4 页,主存中有 16 页。每页有 4 个字节。写出主存地址和 Cache 地址的对应关系。

解:Cache 有 4 页,共 4×4＝16 个字节,所以字节地址为 4 位,最后 2 位为页内地址,前 2 位为页号。主存共有 16×4＝64 个字节,所以字节地址为 6 位,最后 2 位为页内地址,中间 2 位为页号,最高 2 位为标记。

主存地址和 Cache 地址的对应关系如图 4-23 所示。

CPU 访问时,首先根据主存地址,直接查出该主存页对应的 Cache 页号。在相联映像表中找到对应的 Cache 页后,检查它的标记和要访问的主存页标记是否一致。若一致,访问"命中",再根据页内地

图 4-23 例 4-7 主存-Cache 地址对应关系

址,从 Cache 中读数据。否则"不命中"(或失靶),CPU 直接从主存中读出。

[例 4-8] Cache 中有 4 页,主存中有 16 页。每页有 4 个字节。已知 Cache 中存储映像表如表 4-2 所示。写出 CPU 连续访问主存中第 01H 单元和 31H 单元,36H 单元的命中情况。

解:取出主存地址后,根据主存页号到相联表中查找标记,有则到对应的 Cache 中读数,没有则直接到主存取数,并写回 Cache 中。

表 4-2 存储映像表

00	00	10	00
01	11	11	01

主存地址 6 位,其中 2 位为标记,2 位为页号,2 位为页内地址。Cache 地址为 4 位,2 位为页号,2 位为页内地址。

当 CPU 送出主存地址 01H=000001H,其中页号为 00,到相联映像表中对应的 00 页,查得表中登记的标记是 00,与要访问的主存地址标记一样,所以命中,即主存 0000 页在 Cache 的 00 页,拼接上页内地址,得到要访问的主存单元在 Cache 的 0001 单元。

当 CPU 送出主存地址 31H=110001H,其中页号为 00,到相联映像表中对应的 00 页,查得表中登记的标记是 00,与要访问的主存地址标记 11 不一样,所以未命中,要到主存访问数据。

当 CPU 送出主存地址 36H=110110H,其中页号为 01,到相联映像表中对应的 01 页,查得表中登记的标记是 11,与要访问的主存地址标记 11 一样,所以命中,即主存 1101 页在 Cache 的 01 页,拼接上页内地址,得到要访问的主存单元在 Cache 的 0110 单元。

[例 4-9] CPU 访问下列访主存字节地址序列 1,4,8,5,20,17,19,56,9,11,4,43,5,6。假定 Cache 采用直接映像法,每页 4 字节,Cache 容量为 16 字节。初始 Cache 为空,写出 Cache 的装入数据和命中情况。

解:主存单元地址除以每页字节数,余数为页内地址,商为主存页号。主存页号除以 Cache 页数,余数为对应的 Cache 页号,商为标记。

初始 Cache 为空。

当 CPU 送出主存地址 1 时,计算得到主存页号为 0。主存页号 0 对 Cache 页数 4 取模,得到映像的 Cache 页号为 0,标记为 0。相联表中 0 页没有登记标记,所以未命中,就直接到主存访问数据,并同时将 1 单元所在的页装入 Cache 中,即主存的 0、1、2、3 单元一起装入 Cache 的 0 页,在相联表中登记标记 0。

当 CPU 送出主存地址 4 时,计算得到主存页号为 1。主存页号 1 对 Cache 页数 4 取模,

得到映像的 Cache 页号为 1,标记为 0。相联表中 1 页没有登记标记,所以未命中。直接到主存访问数据,并同时将该页装入 Cache 中 1 页,在相联表中登记标记 0。

当 CPU 送出主存地址 8 时,计算得到主存页号为 2。主存页号 2 对 Cache 页数 4 取模,得到映像的 Cache 页号为 2,标记为 0。相联表中 2 页没有登记标记,所以未命中,就直接到主存访问数据,并同时将 8 单元所在的页装入 Cache 的 2 页,在相联表中登记标记 0。

当 CPU 送出主存地址 5 时,计算得到主存页号为 1。主存页号 1 对 Cache 页数 4 取模,得到映像的 Cache 页号为 1,标记为 0。相联表中 1 页中标记为 0,所以命中。

当 CPU 送出主存地址 20 时,计算得到主存页号为 5。主存页号 5 对 Cache 页数 4 取模,得到映像的 Cache 页号为 1。相联表中 1 页中登记的标记为 0,与要访问页的标记 1 不同,未命中。就直接到主存访问数据,并同时将 20 单元所在的页装入 Cache 的 1 页,在相联表中登记标记 1。

其余类推,各页装入情况如图 4-24 所示。

	1	4	8	5	20	17	19	56	9	11	4	43	5	6
Cache 0	1	1	1	1	1	17	17*	17	17	17	17	17	17	17
1		4	4	4*	20	20	20	20	20	20	4	4	4*	4*
2			8	8	8	8	8	56	9	9*	9	43	43	43
3														
				命中		命中			命中			命中	命中	
相联表 0	0	0	0	0	0	1	1	1	1	1	1	1	1	1
1		0	0	0	1	1	1	1	1	1	0	0	0	0
2			0	0	0	0	0	3	0	0	0	2	2	2
3														

图 4-24　Cache 页装入情况

直接映像的优点是地址变换简单,实现容易且速度快;其缺点是页冲突的概率较高。当主存页需要装入 Cache 时,只能对应唯一的 Cache 页面,即使 Cache 中还有很多空页,也必须对指定的 Cache 页进行替换。

(3)组相联映像方式

组相联映像方式中将 Cache 空间分成组,每组多页。主存页号对 Cache 组数取模,得到主存中一页对应 Cache 中的组号,允许该页映射到指定组内的任意页。组相联映像法在各组间是直接映像,组内各页则是全相联映像,这样就实现了前两种方式的兼顾。组相联映像中,Cache 页冲突概率比直接映像法低得多,由于只有组内各页采用全相联映像,地址相联表较小,易于实现,而且查找速度也快得多。

组相联映像方式中,主存地址包含页面标记、组号和页内地址,Cache 地址包含组号、组内页号、页内地址。主存-Cache 地址转换过程见图 4-25 所示。

当 CPU 送出主存地址,主存页号对 Cache 组数取模,得到该页映像的组号,在映像表中相应组的若干页中查找是否有相同的主存标记,如果有相同的,则命中,在 Cache 中读取数据;若未命中,则在主存中进行访问并将该页调入 Cache 中,将标记写入相联映像表中。

[例 4-10]　若 Cache 中有 4 页,主存中有 16 页。每页有 4 个字节。若 Cache 中每 2 页

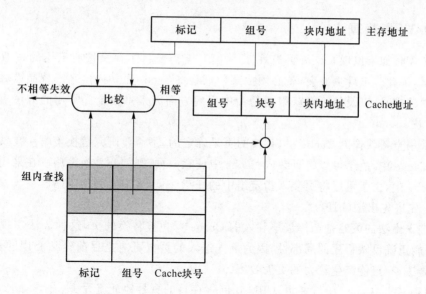

图 4-25　组相联映像主存-Cache 地址转换过程

为 1 组,共有 2 组。写出主存地址和 Cache 地址的对应
关系。

　　解:Cache 有 4 页,共 4×4＝16 个字节,所以 Cache 字
节地址为 4 位,最后 2 位为页内地址,1 位为组内页号,最高
1 位为组号。

　　主存 16 页,共 16×4＝64 字节,主存字节地址 6 位,2
位为页内地址,1 位为组号,3 位为标记。

　　主存-Cache 地址对应关系如图 4-26 所示。

　　[**例 4-11**]　Cache 中有 4 页,主存中有 16 页。每页有
4 个字节,每组 2 页。已知 Cache 中标记情况表(存储映像表,如表 4-3 所示)。写出 CPU 连
续访问主存中第 01H 单元和 31H 单元、36H 单元的命中情况。

图 4-26　主存-Cache 地址对应关系

表 4-3　存储映像表

00	000	10	001
01	110	11	110

　　解:CPU 送出主存地址 01H＝000001,除以每页字节数,得到主存页号为 0000,页内地
址为 01。用主存页号对 Cache 组数 2 取模,得到组号为 0,标记为 000。在映像表中 0 组的
2 页中查找标记 000,命中。

　　CPU 送出主存地址 31H＝110001,除以每页字节数,得到主存页号为 1100,页内地址
为 01。用主存页号对 Cache 组数 2 取模,得到组号为 0,标记为 110。在映像表中 0 组的 2
页中查找标记 110,命中。

　　CPU 送出主存地址 36H＝110110,除以每页字节数,得到主存页号为 1101,页内地址
为 10。用主存页号对 Cache 组数 2 取模,得到组号为 1,标记为 110。在映像表中 1 组的 2
页中查找标记 110,命中。

4.4.3 替换算法

在访存时如果出现 Cache 页失效（即失靶），就需要将主存页按所采用的映像规则装入 Cache。如果此时出现页冲突，就必须按某种策略将 Cache 页替换出来。替换策略的选取要根据实现的难易，以及是否能获得高的命中率两方面因素来决定。常用的方法有 FIFO 法及 LRU 法。

在采用直接映像的 Cache 中，替换的页是确定的，不需要研究替换策略。在采用全相联映像的 Cache 中，由于可以将页装入 Cache 中任意一页，则需要替换策略。在采用组相联映像的 Cache 中，由于可以将页装入指定组中的任意一页，也需要替换策略。

（1）先进先出法（FIFO）

先进先出法的策略是选择最早装入的 Cache 页为被替换的页，这种算法实现起来较方便，但不能正确反映程序的局部性，因为最先进入的页也可能是目前经常要用的页，因此采用这种算法，有可能产生较大的页失效率。

[例 4-12] Cache 中有 3 页，CPU 访问主存页的页号地址流为 1,2,3,4,1,2,5,1,2,3,4,5，采用 FIFO 替换策略。画出 Cache 中的替换情况。

解：替换情况如图 4-27 所示。

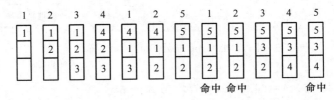

图 4-27 例 4-12 采用 FIFO 策略 Cache 中的替换情况

[例 4-13] Cache 中有 4 页，CPU 访问主存页的页号地址流为 1,2,3,4,1,2,5,1,2,3,4,5，采用 FIFO 替换策略。画出 Cache 中的替换情况。

解：替换情况如图 4-28 所示。

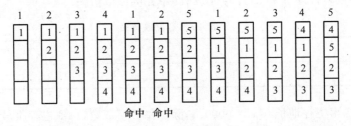

图 4-28 例 4-13 采用 FIFO 策略 Cache 中的替换情况

（2）近期最少使用算法（LRU）

近期最少使用算法能比较正确地反映程序的局部性，因为当前最少使用的页一般来说也是未来最少被访问的页。但是它的具体实现比 FIFO 算法要复杂一些。

[例 4-14] Cache 中有 4 页时，CPU 访存地址页号流为 1,2,3,4,1,2,5,1,2,3,4,5 时，采用 LRU 替换策略，写出 Cache 的替换情况。

解：替换情况如图 4-29 所示。

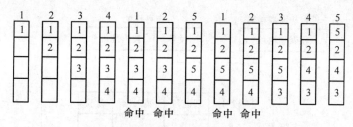

图 4-29　例 4-14 采用 LRU 替换策略 Cache 的替换情况

4.5　虚拟存储器

4.5.1　虚拟存储器的概念

虚拟存储技术是为了克服内存空间不足而提出的,由于软件功能越来越强,程序员编程时会觉得主存容量不够用。这样就提出了虚拟存储技术,将辅存和主存结合,两者的地址空间统一编址,形成比实际主存空间大得多的逻辑地址空间。将程序中出现的地址称为"虚拟地址",而实际主存的地址称"物理地址"。虚拟存储技术是在主存和辅存之间,增加软件及硬件,使主存辅存之间信息交换,程序再定位,地址转换都能自动进行。程序员可以使用的空间比实际的主存空间大得多,称为虚拟存储器(Virtual Memory,VM)。

4.5.2　虚拟存储器的基本管理方法

虚拟存储器的管理方式有段式、页式和段页式三种。

（1）段式虚拟存储器

一个程序往往包含着逻辑上相互独立的程序段(如过程、子程序等)。段式虚拟存储器就是将程序按其逻辑功能分段,程序按段装入主存,在内存中建立段表。运行程序时先查段表,将虚拟地址转换为实际内存地址。

段式虚拟存储器通过段表实现虚实地址转换。每一程序段在段表中都占有一个表目,记录各段是否装入内存的标记、装入内存后的实际地址以及该段的长度。虚地址包括段号和段内地址。当访问程序段时,首先根据段号查找到段表中表目地址,查该段的装入位,若该段已经在内存,则由该表目中取出该段在实存中的首地址与段内地址相加,得到实际地址。若装入标记表明该段不在主存中,则要从辅存中调入。

段式虚拟存储器中虚拟地址向实存地址转换的过程如图 4-30 所示。

段式虚拟存储器的优点是段的分界和程序的自然分界对应,段的逻辑独立性使它易于编译、管理、修改和保护,也便于多道程序共享。缺点是整个段必须一起装入或调出主存,这使得段长不能大于主存容量,从而限制了虚拟空间的容量;而且各段的长度不相同,段的起点和终点不定,给主存空间分配带来麻烦,容易在实存中留下零碎存储空间,造成浪费。

（2）页式虚拟存储器

将辅存和主存空间都分成大小相同的存储空间,称为"页"。辅存的页是虚页,主存的页是实页。虚存地址包括逻辑页号和页内地址;实存地址包括物理页号和页内地址。虚存地址到主存地址的转换是由主存中的页表来实现的。当程序的某一页调入主存时,将主存实

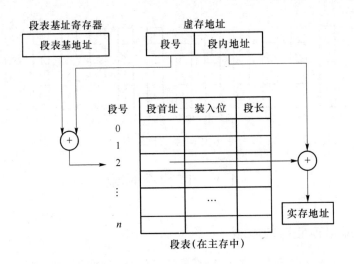

图 4-30 段式虚拟存储器中虚拟地址向实存地址转换的过程

际地址的页号记录在页表中,并将装入标记设为"1",表明该页已经在主存中。当访问主存时,根据逻辑页号查找页表,若该页已装入主存,将页表中查到的实际页号与页内地址组装起来,即得到实际地址。若装入标记为"0",即该页未装入主存,则产生缺页中断,需要根据替换算法将需要的页调入。

页式管理的地址转换如图 4-31 所示。

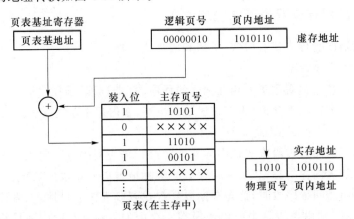

图 4-31 页式管理的地址转换

页式虚拟存储器中,虚存、实存页面大小都相等,便于主存辅存间信息调进调出,另外各个页面不要求占用连续主存空间,每页运行完后,可以分配给其他程序调入,主存空间利用率高。但是由于页不是逻辑上独立的,所以处理、保护和共享都不如段式方便。

(3)段页式虚拟存储器

将段式虚拟存储器和页式虚拟存储器结合起来,可以充分发挥两种管理方式的优点。段页式虚拟存储器中,把程序按逻辑分段后,再把每段分成固定大小的页。程序调入主存按页面进行,但是又可以按段实现共享和保护。

程序虚拟地址包括段号、页号和页内地址。实地址包括物理页号和页内地址。内存中用段表和页表实现虚拟地址到实地址的转换。每个程序可由若干段组成,每段又由若干页组成。在主存中,每个程序都有一张段表,每段都有一张页表,由段表指明该段页表的起始地址,由页表指明该段各页在主存中的位置以及装入标记等信息。

段页式虚拟存储器的地址转换过程如图 4-32 所示。当进行地址转换时,由段表基址寄存器给出段表的首地址,虚地址的段号指明要访问的段表中的哪个表目,两者相加找到该段相应的页表在主存中的首地址。将首地址再与虚地址中的段内虚页号相加,找到页表中的某一表目,将该表目中登记的实页号与虚地址中的页内地址组装后,得到实存地址。

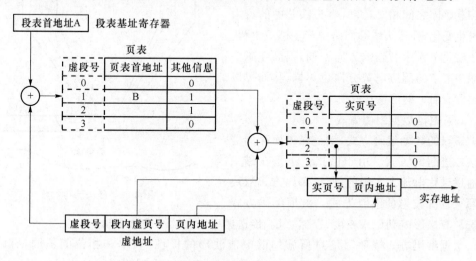

图 4-32　段页式虚拟存储器的地址转换过程

段页式虚拟存储器的缺点是地址转换过程中需要多次查表,这样地址变换的速度将会影响存储器的访问速度。

4.6　辅助存储器

4.6.1　磁表面存储器

将磁性材料涂敷于基体上,制成磁记录载体,通过磁头与基体之间的相对运动来读写记录的存储器就是磁表面存储器。磁盘存储器在 20 世纪 50 年代研制成功,从 1962 年美国开始制造软磁盘,1972 年 IBM 试制成功 IBM 3740 单面软磁盘驱动器,1976 年试制成双面软磁盘机,1977 年试制成双面双密度软磁盘。由于在存取速度、存储容量、价格等方面的综合优势,近几十年来,磁盘存储器发展十分迅速,广泛应用于微机系统中。

(1) 数据的磁存储原理

磁记录信息的基本原理是利用硬磁性材料的剩磁状态来存储二进制信息的。根据电磁感应原理,变化磁场穿过闭合线圈时可以产生感应电势或电流。如果让已被磁化的磁性材料,在绕有线圈回路的磁头空隙处运动,使穿过线圈回路中的磁通量发生变化,那么在线圈中将会产生感应电信号,这样就把通过磁性材料的不同剩磁状态所表示的二进制信息,转换为电信号输出。

用绕有线圈的有间隙的铁芯,作为读/写磁头,完成电磁能量转换,实现对磁表面存储器的写入和读出信息。磁头结构如图 4-33 所示。当写入信息时,由 *a* 至 *b* 在瞬间通过电流,磁头铁芯里将产生顺时针方向的磁通,磁头两端空隙处形成定向磁场。当载磁体在这个磁场作用下做相对运动时,磁层表面就被磁化成有相应极性的磁化单元。要读出磁表面的信息时,磁头和载磁体之间相对运动,磁头铁芯中的磁力线发生变化,在磁头线圈回路中产生感应电势。由于磁化单元中剩磁的方向不同,因而在磁头线圈中产生的感应电势方向也不同,从而可以读出磁表面上的信息 0 或 1。

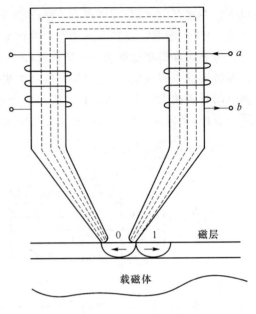

图 4-33　磁头结构示意

　　(2) 磁盘数据编码方式

磁盘的数据编码方式,就是磁表面存储器记录二进制的方式。由于信息记录是在磁头中通以磁化电流来实现的,所以编码方式取决于写入电流波形的组合方式。数据编码方式的选取直接影响到记录密度、存储容量、传送速率以及读写控制逻辑。

数据编码方式按照写信息所施加的电流波形的极性、频率和相位的不同,有归零制(RZ)、不归零制(NRZ1)、调相制(PM)、调频制(FM)和改进型调频制(MFM)。现在常用的数据编码方式是调频制(FM)和改进型调频制(MFM)。

　　(3) 磁盘存储器

磁盘存储器根据采用的盘体材料,可以分为两种。如果盘体采用塑料(聚酯薄膜)做基体,两面涂上磁粉,装在保护套内,则称为软磁盘,简称软盘。如果盘体采用金属(铝镁合金)做基体,两面涂上磁粉,则称为硬磁盘。由于硬磁盘是由多个盘片组成,所以也叫磁盘组。

磁盘的每个盘面上密布着若干与盘心同心的闭合圆环,称为磁道。最靠近圆心的称为末道,最远离圆心的称为零道。由若干盘片组成的同轴盘片组中,距其轴心相同位置的一组磁道构成了一个圆柱,称为柱面。柱面从外到内顺序为零柱面至末柱面。每个磁道或柱面按等弧度分为若干段,称作扇区,是磁头读写的最小单位。

磁盘存储器主要由磁盘盘片、磁盘驱动器和磁盘控制器组成。

4.6.2　光盘存储器

光盘(Optical Disk)是利用光存储技术读写信息的一种介质圆盘。光存储技术是利用激光在某种介质上写入信息,再利用激光把信息读出的技术。20 世纪 60 年代开发出的半导体激光技术,可以使高能量的激光束集中在一平方微米的范围内,把介质聚焦为一个凹点,然后用能量相对较小的激光束把介质上的信息读出来。这样,可以实现记录密度高,存储容量大,信息保存寿命长,工作稳定可靠、环境要求低等特点,得到了广泛应用。

　　(1) 光盘的分类

光盘按读写类型分,目前光盘一般分为只读型、一次写入型和可重写型三种。

只读型光盘上所有的信息都以坑点的形式分布。一系列的坑点(信息元)形成信息记录道。这种坑点分布除了包含数据的编码信息外,还有用于读出和写入光点的引导信息。激光在旋转的光盘表面上聚焦,通过检测盘面上来的反射光的强弱,读出记录的信息。只读式光盘上记录的信息只能读出,用户不能修改或写入新的信息。只读型光盘是生产厂家制造的。

一次写入型光盘又叫写入后立即读出式。它是用输出强度高得多的激光束,在光盘的光敏层上直接写入可读的数据,盘面材料的形状发生永久性变化,所以不能在原址重新写入信息。与只读式光盘的区别在于可由用户将数据写入光盘。

可重写型光盘则是可以写入、擦除、重写的可逆型记录系统。它利用激光照射,引起介质的可逆性物理变化完成信息记录的。

(2) 光盘存储器的组成及读写原理

光盘存储系统的工作原理图如图 4-34 所示。采用半导体激光器作为光源的情况下,为了记录输入的数据,信号首先要通过 ECC 电路和编码电路,去直接调制二极管激光器的输出。经过调制的高强度激光束经由光学系统会聚、平行校正,通过跟踪反射镜被导向聚焦透镜。聚焦透镜把调制过的记录光束聚焦成直径约 $1~\mu m$ 的光点,正好落在数据存储介质的平面上。当高强度写入光点通过存储介质时,有一定宽度和间隔的记录光脉冲就在介质上形成一连串的物理标志,它们是相对于周围的背景在光学上能显示出反差的微小区域,如黑色线状单元或凹坑。在最简单的情况下,使用金属薄膜介质,此时,物理标志就是金属薄膜上被熔化了的或烧蚀掉的微米大小的孔,有孔即代表存储了二进制代码 1,无孔则代表 0。

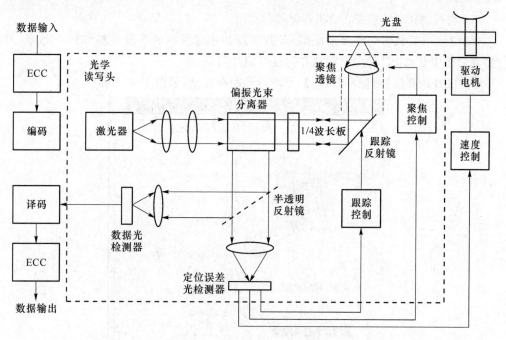

图 4-34 光存储系统工作原理图

当要读出光盘存储的数据时,需在二极管激光器上施加一较低的直流电压,产生与之相应的小功率、连续波输出。读出光束的功率必须小于存储介质的记录阈值,以免破坏盘面上已写入的信息。读出光束经过光学系统,在存储介质面上聚焦成微米大小的读出光点。根据数据道上有无光学标志的情况,读出光束的反射光强度受到调制。被调制的反射光由聚焦透镜收集,经由跟踪反射镜导向 1/4 波长板和偏振光束分离器。由于二极管激光器的输出是平面偏振光束,因而把 1/4 波长板和偏振光束分离器组合在一起时,就能把反射回来的读出光束分离出来,并把它导至光检测元件。用一个半透明反射镜,可把反射的读出光束在数据光检测器和定位误差检测器之间分配开来。

在数据道上没有凹坑的地方,入射的读出光束被反射,其中大部分返回到物镜。而有凹坑时,从凹坑反射回来的激光与从凹坑周围反射回来的激光相比,光路长度相差 1/2 波长,因而相互干扰,返回的反射光与入射光相消,入射光有相当一部分没有返回物镜,因此,光检测器的输出可减少到没有凹坑时的 1/10。这样,反射光的强度表明了有无凹坑。这样就可以读出光盘上记录的凹坑信号,再由光检测器将介质上反射率的变化转变为电信号。经过数据检测、译码和 ECC 电路,即可把读出的数据输出。

4.7　实　验　设　计

本节实验的目的是了解 PC 机中存储器、了解 AEDK 模型机的存储器、了解 EL 实验平台的存储器。

4.7.1　PC 机中的存储器

(1) 在控制面板中获得 PC 机存储器信息

存储器是 PC 机中的重要组成部分,其容量和速度影响着系统的整体运行效率。可以在控制面板中获得 PC 的内存和辅存的硬件配置信息。

① 右击【计算机】图标 |【属性】,可查看到内存容量,如图 4-35 所示。

图 4-35　系统属性图

② 在【性能选项】对话框中,可以设置虚拟存储器,如图 4-36 所示。

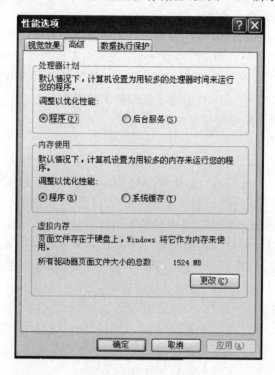

图 4-36 虚拟存储器设置

③ 在【计算机管理】窗口中可以获得辅存的信息,如图 4-37 所示。

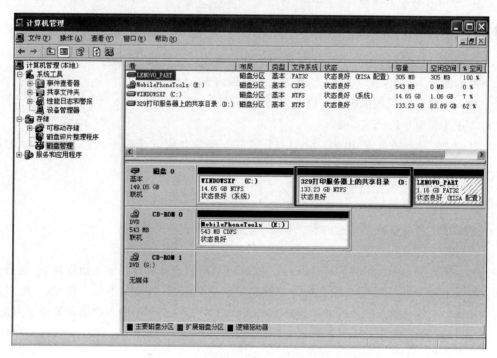

图 4-37 辅助存储器查看

（2）使用 DEBUG 工具软件可以查看内存中的信息。

① 显示存储单元命令 D（Dump）

D 命令显示主存单元的内容。注意分号后的部分用于解释命令功能，不是命令本身。

格式：

D［地址］　　　　　　　;显示当前或指定开始地址的主存内容

D［范围］　　　　　　　;显示指定范围的主存内容

例如，按指定范围显示存储单元内容：

-D100 120

18E4:0100　　c7 06 04 02 38 01 c7 06－06 02 00 02 c7 06 08 02　G...8.G.....G..

18E4:0110　　02 02 bb 04 02 e8 02 00－CD 20 50 51 56 57 8B 37　..;..h..M PQVW. 7

18E4:0120　　8B

其中 0100 至 0120 是 DEBUG 显示的单元内容，每行 16 个字节。其中左边用十六进制表示每个字节，右边用 ASCII 字符表示每个字节，"."表示不可显示的字符。这里没有指定段地址，D 命令自动显示 DS 段的内容。如果只指定首地址，则显示从首地址开始的 128 个字节的内容。

如果不指定范围，则一个 D 命令仅显示"8 行×16 个字节"（80 列显示模式）内容。

再如：

-D 100　　　　　　　;显示数据段 100H 开始的主存单元

-D CS:0　　　　　　　;显示代码段的主存内容

-D F0 L20　　　　　　;显示 DS:00F0H 开始的 20H 个主存数据

② 修改存储单元命令 E（Enter）

E 命令用于修改主存内容。它有 2 种格式。

格式：

E 地址　　数据表　　　　;用数据表的数据修改指定地址的内容

E 地址　　　　　　　　　;修改指定地址的内容

格式 1 可以使用数据表一次修改多个单元，例如：

-E DS:100 F3'XYZ'8D

其中 F3，'X'，'Y'，'Z'和 8D 各占一个字节。该命令用 5 个字节来替代存储单元 DS:0100 到 0104 中原先存储的内容。

格式 2 是逐个单元相继修改的方法。例如：

-E DS:100

DEBUG 显示原来存储的内容。例如，可能显示为：

18E4:0100　　　　89

如果需要把该单元的内容（例如 89）修改为 78，则用户可以直接输入新数据 78，然后按空格键显示下一个单元的内容，或者按"－"键显示上一个单元的内容;不需要修改时，可以直接按空格或"－"键;这样，用户可以不断修改相继单元的内容，直到用回车键结束该命令为止。

③ 填充命令 F（Fill）

F 命令用于对一个主存区域填写内容，同时改写原来的内容。

格式：

　F　范围　数据表

该命令用数据表的数据写入指定范围的主存区域。如果数据个数超过指定的范围,则忽略多出的数据项;如果数据个数小于指定的范围,则重复使用这些数据,直到填满指定的范围。例如:

　　-F 4BA:0100 5 F3′XYZ′8D

使 04BA:0100 ～ 0104 单元中包含指定的 5 个字节的内容。

4.7.2　AEDK 实验机的存储器

（1）实验机存储器构成

实验机采用 1 片静态 RAM(6264),存储器的控制电路由 74LS32 和 74LS08 组成。6264 的 A_8～A_{12}接地,其实际容量为 256 个字节。6264 的数据、地址总线已经接在总线单元的外部总线上。存储器芯片有 3 个控制信号:外部地址总线设置存储器地址,RM＝0 时,把存储器中的数据读出到总线上。当 WM＝0,并且 EMCK 有一个上升沿时,把外部总线上的数据写入存储器中。实验机存储器构成如图 4-38 所示。

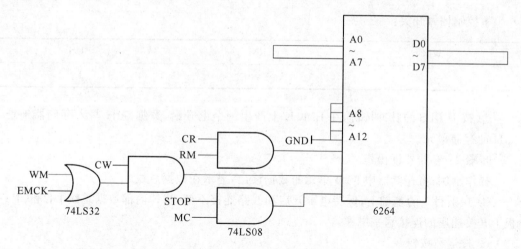

图 4-38　存储器构成逻辑示意图

（2）存储器控制信号说明（如表 4-4 所示）

表 4-4　存储器控制信号说明

信号名称	作用	有效电平	信号名称	作用	有效电平
BUS	总线方向选择		WM	6264 的写允许信号	低电平有效
RM	6264 的读允许信号	低电平有效	EMCK	6264 的写入脉冲信号	上升沿有效

（3）实验内容及步骤

步骤 1：数据写入存储器操作

操作示例:将数据 66H 写入存储器的 55H 单元。

① 把内地址总线上的 8 芯盒型插座 AJ₁ 和 CPT-B 上的 8 芯盒型插座 J₁～J₃中任意一

个(对应数据二进制开关)用扁平电缆相连。把内部数据总线上的 8 芯盒型插座 DJ_8 和 CPT-B 上的 8 芯盒型插座 $J_1 \sim J_3$ 中任意一个(对应地址二进制开关)用扁平电缆相连。注意不能和数据二进制开关相同。

② 把 EMCK 连到脉冲单元的 PLS 中任意一个。用信号线把 WM、RM、BUS 和二进制开关相连(不能和数据、地址二进制开关相同)。

③ 按运行按钮。

④ 置数据开关为 66H。

D_7	D_6	D_5	D_4	D_3	D_2	D_1	D_0
0	1	1	0	0	1	1	0

置地址开关为 55H。

A_7	A_6	A_5	A_4	A_3	A_2	A_1	A_0
0	1	0	1	0	1	0	1

置控制信号开关：

WM	RM	BUS
0	1	1

⑤ 按下 PLS 的脉冲按键,在 EMCK 上产生一个上升沿,数据 66H 写入存储器地址为 55H 的存储单元。

步骤 2：存储器读操作

操作示例:将存储器中 55H 单元的数据读出,显示在数据总线上

① 在项目 1 的基础上,保持电源开启和线路连接不变,拔掉内部数据总线 DJ_8 和CPT-B 板上开关插座的连接扁平电缆。

② 按运行按钮。

③ 置地址开关为 55H。

A_7	A_6	A_5	A_4	A_3	A_2	A_1	A_0
0	1	0	1	0	1	0	1

置控制信号为：

WM	RM	BUS
1	0	1

④ 按下 PLS 的脉冲按键,在 EMCK 上产生一个上升沿,数据从地址为 55H 的存储单元流向内部数据总线,原来 55H 单元中为 66H,则数据总线上的发光二极管 $IDB_0 \sim IDB_7$ 显示为 01100110。

4.7.3 EL 实验机的存储器

1. 实验系统存储器构成

实验中的静态存储器由 2 片 6116 组成。组成结构图如图 4-39 所示。

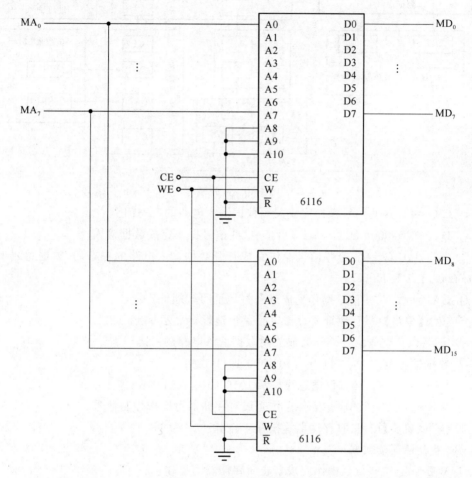

图 4-39　静态存储器组成

数据线 $D_0 \sim D_{15}$ 接到数据总线,地址线 $A_0 \sim A_7$ 由地址锁存器 74LS273 集成给出。6116 是 $2K \times 8$ 的芯片,但是地址线接 $A_0 \sim A_7$,高三位 $A_8 \sim A_{10}$ 接地。实际容量为 256 字节。6116 有 3 个控制线 CE、$\overline{R}$、W。

实验系统中,当 LARI 为高时,T_3 的上升沿将数据总线的低 8 位打入地址寄存器。当 WEI 为高时,T_3 的上升沿使 6116 进入写状态。

2. 实验连线

按图 4-40 连线。

3. 实验内容和步骤

为了避免总线冲突,首先将控制开关电路所有开关拨到高电平"1"状态(指示灯亮)。

(1) 拨动清零开关 CLR,使指示灯先灭再亮。

(2) 往存储器写数据,例如将数据"0AABBH"写入存储器 0FFH 单元。

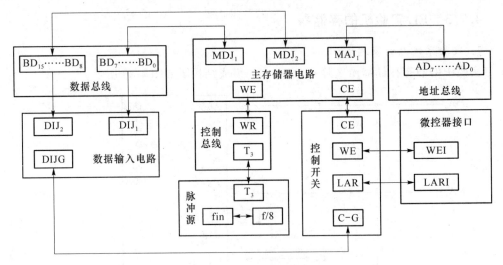

图 4-40 实验连线

① C-G=1。这些信号操作完成关闭数据输入电路的三态门。

② $D_{15} \sim D_0$=0000 0000 1111 1111。这些信号操作完成数据输入。

③ CE=1,C-G=0。这些信号操作完成打开数据输入电路的三态门,数据总线上显示 0000 0000 1111 1111

④ LAR=1。这些信号操作完成准备将地址写入地址寄存器。

⑤ 按下【单步】按钮,地址寄存器电路黄色地址灯显示 1111 1111。

⑥ C-G=1。这些信号操作完成关闭数据输入电路的三态门。

⑦ 数据输入电路 $D_{15} \sim D_0$=1010 1010 1011 1011。

⑧ LAR=0,C-G=0。数据总线显示 1010 1010 1011 1011。

⑨ WE=1,CE=0。这些信号操作完成对存储器写操作控制信号。

⑩ 按下【单步】按钮,对存储器写操作工作脉冲。

（3）从存储器读数据

① WE=0。这些信号操作完成禁止对存储器写操作。

② C-G=1。这些信号操作完成关闭数据输入电路的三态门。

③ 数据输入电路 $D_{15} \sim D_0$=0000 0000 1111 1111。

④ CE=1,C-G=0。这些信号操作完成打开数据输入电路的三态门,数据总线上显示 0000 0000 1111 1111。

⑤ LAR=1。这些信号操作完成准备将地址写入地址寄存器。

⑥ 按下【单步】按钮,地址寄存器电路黄色地址灯显示 1111 1111。

⑦ C-G=1,LAR=0,WE=0,CE=0。这些信号操作完成读出存储单元的数据,在数据总线上显示出来。

习　题　4

1. 如果用 1 K×4 的 SRAM 芯片构成 64 K×8 的存储器,需要多少片芯片？画出该存储器的逻辑框图。

2. 用 64 K×1 的 DRAM 芯片构成 256 K×8 的存储器,画出该存储器的逻辑框图。

3. 用 8 K×8 的 EPROM 芯片构成 32 K×16 位的只读存储器,画出该存储器的逻辑框图。

4. 设计算机的主存容量为 8 MB,采用直接地址映像方式的 Cache 容量为 64 KB。主存分为 1024 页。(1)主存地址中标记字段多少位?页号多少位?页内地址多少位?(2)Cache 地址中页号多少位?页内地址多少位?(3)若 Cache 中的映像表如表 4-5 所示,当 CPU 访问主存地址为 680FF7H 时,是否能在 Cache 中命中?当 CPU 访问主存地址为 0000FFH 时,是否能在 Cache 中命中?当 CPU 访问主存地址为 7F1750H 时,是否能在 Cache 中命中?当 CPU 访问主存地址为 2D0FF7H 时,是否能在 Cache 中命中?

表 4-5　映像表

Cache 页面号	标记	Cache 页面号	标记	Cache 页面号	标记	Cache 页面号	标记
0	1101000	2	1111111			$n-2$	1111001
1	0101101	3	000000	……		$n-1$	1000110

5. 采用组相联映像方式的 Cache 由 64 页组成,分为 8 组。主存有 4 096 页。每页 512 字节。(1)主存地址的标记字段、组字段、页内地址分别是多少位?(2)Cache 地址的组字段、组内页号、页内地址字段分别是多少位?

6. 假定 Cache 采用全相联映像方式,Cache 的容量为 16 字节,有 4 页。初始 Cache 为空。若 CPU 访存地址序列为:1,4,8,5,20,17,19,56,9,11,4,43,5,6,9,17。(1)写出采用 FIFO 替换策略时,Cache 的命中情况及 Cache 的内容变化情况。(2)写出采用 LRU 替换策略时,Cache 的命中情况及 Cache 的内容变化情况。

7. 主存容量 4 MB,虚存容量 1 GB,实地址和虚地址各为多少位?若页面大小为 4 KB,主存页表应有多少个表目?

8. 某页式管理虚拟存储器,共有 1K 个页面,每页为 1024 B。设主存容量为 64 KB,虚存容量为 1 GB。(1)实存分多少页?逻辑页号为几位二进制?页内地址为几位二进制?(2)用于地址转换的页表有多少表目?(3)物理页号是几位二进制?页内地址是几位二进制?

第5章 指令系统

指令系统是指计算机所具有的各种指令的集合,它是软件编程的出发点和硬件设计的依据,反映了计算机硬件具有的基本功能。

5.1 指令格式

5.1.1 指令的格式

机器指令是计算机硬件能够识别并直接执行的操作命令。指令是由操作码和地址码两部分组成。

格式如下所示:

操作码	地址码

操作码用来说明指令操作的性质及功能。地址码用来描述该指令的操作对象,由它给出操作数地址或给出操作数,以及操作结果存放地址。

根据指令中所含地址码的个数,指令分为零地址指令、单地址指令、双地址指令、三地址指令和多地址指令。

(1) 零地址指令:只有操作码没有地址码的指令。这种指令要么是无须操作数,例如空操作指令、停机指令等,要么是操作数的存储位置为默认的,如 8086/8088 指令系统中的字节扩展指令 CBW,隐含对 AL 寄存器操作,将 AL 寄存器的值扩展为 AX 长度。

(2) 单地址指令:只有一个地址码的指令。这种指令要么是指需要一个数据的指令,或者是双操作数的指令,另一个操作数隐含了。例如 8086/8088 指令系统中的入栈指令 PUSH,自加 1 指令 INC 等。

(3) 二地址指令:含有两个地址码的指令。例如大多数运算类指令都是二地址指令,对两个地址码指定的操作数进行运算,结果存入其中一个地址码中。

(4) 三地址指令:含有三个地址码的指令。通常这类指令是运算类指令,包含两个运算的操作数的地址和运算结果的地址码。

(5) 多地址指令:在某些计算机中设计了 3 个以上地址码的指令,用于某些特殊的需要,比如矩阵运算等。

一般地址码较少的指令,占用空间小,执行速度快,所以结构简单的计算机指令系统中,零地址、单地址和两地址指令较多采用。而两地址、三地址及多地址指令在功能较强的计算机中采用。

指令格式中,会设定源地址码和目的地址码。源地址码是指操作数的地址,目的地址码是运算结果的地址。例如 IBM-PC 指令系统中的二地址指令中,目的地址码在前,源地址码在后。

5.1.2 寻址方式

指令中的地址码部分指明了指令的操作数或者操作数的地址。操作数或者操作数地址的指定方式称为寻址方式。

计算机指令系统中常用的寻址方式有以下几类。

(1) 立即寻址

在指令中直接给出操作数本身。操作数作为指令的一部分,在读取指令的时候就把数据读取了出来,这个操作数又称为立即数。这种方式不需要再根据地址寻找操作数,所以指令的执行速度较快。

例如,IBM-PC 指令系统中,MOV AX,1234H 表示把 16 位立即数 1234H 传送到 AX 寄存器,指令执行结果,AX=1234H。

(2) 寄存器寻址方式

指令的地址码指定操作数所在的寄存器,这种方式称为寄存器直接寻址。寄存器数量少,只需少量的编码就可以表示寄存器,所以可以减少整个指令的长度。另外寄存器中的操作数已经在 CPU 中,因此指令的执行速度较快。

例如,IBM-PC 指令系统中,若已知 AX=1234H,BX=5678H。指令 MOV AX,BX 表示把 16 位寄存器 BX 中的数值传送到 AX 寄存器。指令执行结果,AX=5678H。

(3) 直接寻址方式

指令中的地址码给出的是操作数所在的单元的实际地址,又称为有效地址。根据指令中的有效地址只需访问内存一次便获得操作数。这种寻址方式简单、直观,便于硬件实现。但是随着存储空间的不断增大,地址码会越来越长,会增加指令的长度。

例如,IBM-PC 指令系统中,若已知 AX=1234H,BX=5678H,内存数据段单元(2000H)=11H,(2001H)=22H。指令 MOV AX,[2000H]表示从数据段 2000H 单元中取 16 位数值传送到 AX 寄存器。因为 2000H 单元只有 8 位数值,所以到相邻的高地址单元 2001H 单元取 8 位数值作为高 8 位。指令执行结果,AX=2211H。

(4) 寄存器间接寻址方式

指令中的地址码给出寄存器,寄存器中存放操作数的有效地址。因为只需给出寄存器号,所以指令的长度较短,但是因为要根据寄存器中的有效地址访问内存才能得到操作数,指令的执行时间比寄存器寻址方式长。

例如,IBM-PC 指令系统中,若已知 AX=1234H,BX=2000H,内存数据段单元(2000H)=11H,(2001H)=22H。指令 MOV AX,[BX]表示以 BX 中的值为地址,去访问内存 2000H 单元,再从该单元取 16 位数值传送到 AX 寄存器。因为 2000H 单元只有 8 位数值,所以到相邻的高地址单元 2001H 单元取 8 位数值作为高 8 位。指令执行结果,AX=2211H。

(5) 存储器间接寻址方式

指令的地址码部分给出的是存放操作数地址的存储单元地址。存储器间接寻址方式至少要访问两次内存才能取出操作数,因此指令执行速度减慢。

例如,欧姆龙的指令系统中,用@表示存储器间接寻址。指令 MOV #10 D0 表示将立即数 10 传送到 D0 存储区。MOV #FFFF @D0 表示将立即数传送到 D10 存储区,指令中的 D0 不是最终目的地,而是将 D0 区内的 10 表示目的地址。

（6）相对寻址方式

指令的地址码中给定一个偏移量,将程序计数器 PC 中的值加上这个偏移量,得到操作数的有效地址。这种寻址方式下,被访问的操作数的地址是不固定的,但是该地址相对于程序的位置却是固定的,所以不管程序装入到内存的什么地方,都可以正确读取操作数。这样可以实现"与地址无关的程序设计"。

例如,IBM-PC 指令系统中,若已知 PC=1234H。转移指令 JMP +5 表示程序跳转到新指令执行。新指令的地址由 PC 的值加偏移量 5 计算得到,所以程序会跳转到 1239H 单元,执行 1239H 单元的指令。

（7）基址和变址寻址方式

指令地址码中给出基址或变址寄存器和一个形式地址,操作数的有效地址由寄存器中的值和形式地址相加得到。采用基址寄存器时称为基址寻址,采用变址寄存器时称为变址寻址。

例如,IBM-PC 指令系统中,SI 是变址寄存器。若已知 AX=1234H,SI=2000H,内存数据段单元（2000H）=11H,（2001H）=22H,（2002H）=33H,（2003H）=44H。指令 MOV AX,[SI]+2 表示以 SI 中的值加上指令中的偏移量 2,得到有效地址去访问内存 2002H 单元,再从该单元取 16 位数值传送到 AX 寄存器。因为 2002H 单元只有 8 位数值,所以到相邻的高地址单元 2003H 单元取 8 位数值作为高 8 位。指令执行结果,AX=4433H。

（8）隐含寻址方式

指令中不指出操作数地址,而是在操作码中隐含着操作数的地址。

例如,IBM-PC 指令系统中的 CBW 指令,指令中不需要指定操作数,系统默认操作数为 AL。该指令功能是将 AX 的低 8 位寄存器 AL 的值扩展到 AX 寄存器中。若已知 AX=1234H,指令 CBW 执行之后,AX=0034H,将低 8 位的最高位符号位扩展到整个 AX 寄存器中。

一台计算机的指令系统寻址方式多种多样,给程序员编程带来方便,但也使得计算机控制器的实现具有一定的复杂性。对于一台计算机而言,可能采用上述的一些寻址方式,或者这些基本寻址方式的组合或稍加变化。

5.1.3　指令类型

指令系统的功能决定了一台计算机的基本功能。不同类型的计算机硬件功能不同,具有不同的指令集合,但是有些类型的指令是共同的。常见的指令类型有以下几种。

（1）数据传送指令

这类指令完成数据在主存和 CPU 寄存器之间进行传输。

（2）算术运算类指令

对数据进行算术操作,包括加法、减法、乘法、除法等算术运算。有些性能较强的机器还具有浮点运算指令等。

（3）逻辑运算类指令

对数据进行逻辑操作,包括逻辑与、或、非、异或等运算。这些逻辑运算对数据进行位运算,位和位之间没有进位传递关系。有些机器还有位操作指令,如位测试、位清除等。

（4）移位操作类指令

移位操作是对数据进行相邻数据位之间的传递操作,分为算术移位、逻辑移位和循环移位三种,每种移位操作又分为左移和右移。算术移位,要考虑符号位。算术左移或右移一位,分别实现乘以 2 或除以 2 的算术运算。逻辑移位是将移位数据看作是没有数值含义的二进制代码,移位后的空位补 0。循环移位按是否与进位标志位一起循环,分为小循环（自身循环）和大循环（带进位一起循环）两种。

（5）程序控制类指令

这类指令用于控制程序执行的顺序和方向,主要包括条件转移指令、无条件转移指令、循环指令、子程序调用和返回指令、中断指令等。

（6）输入输出操作指令

这类指令完成主机和外围设备之间的信息传送。有的计算机有专门的输入输出指令,有的则把外设接口看作是特殊的存储器单元,用传送类指令实现访问。

（7）串操作指令

串操作指令是针对主存中连续存放的一系列字或字节,完成串传送、串比较、串查找等功能。串可以由非数值数据（如字符串）构成,可以方便地完成字符串处理。

（8）处理器控制指令

直接控制 CPU 以实现某种功能的指令,如空操作指令、停机指令等。

以上的指令种类,一台计算机指令系统中并不是全部具备,例如有的计算机没有串处理指令。

5.2 指令编码

由指令组成的程序以二进制形式存放在计算机的存储器中。一条指令的二进制编码中,根据指令格式,包括操作码、寻址方式、寄存器名称、指令类型等信息。不同的指令含有的信息不同,指令的长度可能不同。

[例 5-1] x86 指令系统格式及编码

x86 指令系统中指令格式如下:

操作码部分:

OP(6)	D/S(1)	W(1)

寻址方式部分:

Mod(2)	Reg(3)	R/m(3)

其中 W＝1 表示字操作,W＝0 表示字节操作。D 在双操作指令中,D＝1 表示指定的寄存器是目的操作数,D＝0 表示指定寄存器为源操作数。立即寻址方式中,S＝1 表示 8 位立即数会扩展成为 16 位。如果有段前缀,则按下面格式编码。

001	SEG	110

其中 SEG 对应为 00:ES,01:CS,10:SS,11:DS。

寻址方式和寄存器编码如表 5-1 和表 5-2 所示。

表 5-1 寄存器编码

Reg	W=1	W=0	Reg	W=1	W=0	Reg	W=1	W=0
000	ax	al	011	bx	bl	110	si	dh
001	cx	cl	100	sp	ah	111	di	bh
010	dx	dl	101	bp	ch			

表 5-2 寻址方式编码表

Mod / R/m	00	01	10	11 W=0	11 W=1
000	(bx)+(si)	(bx)+(si)+d8	(bx)+(si)+d16	al	ax
001	(bx)+(di)	(bx)+(di)+d8	(bx)+(di)+d16	cl	cx
010	(bp)+(si)	(bp)+(si)+d8	(bp)+(si)+d16	dl	dx
011	(bp)+(di)	(bp)+(di)+d8	(bp)+(di)+d16	bl	bx
100	(si)	(si)+d8	(si)+d16	ah	sp
101	(di)	(di)+d8	(di)+d16	ch	bp
110	d16	(bp)+d8	(bp)+d16	dh	si
111	(bx)	(bx)+d8	(bx)+d16	bh	di

已知 add 指令的 OP 代码为 000000,写出下列指令的二进制代码。(1)add ax,bx (2)add ax,[bx](3)add [bx],cx

解:根据格式进行编码转换。

(1) add ax,bx 指令操作码 OP 编码为 000000。用 Reg 字段表示源操作数 bx,则 D/S=0,Reg=011。用 R/m 字段表示目的操作数 ax,寄存器寻址方式,得 Mod=11,R/m=000。指令为字操作类型,所以 W=1。这样指令的编码即为 000000 01 11 011 000=01D8H。在 x86 机器中用 DEBUG 可验证如图 5-1 所示。

对于这条指令,因为两个都是寄存器寻址方式,所以,也可以换一下源操作数和目的操作数的编码位置。用 Reg 字段表示目的操作数 ax,则 D/S=1,Reg=000。用 R/m 字段表示源操作数 bx,寄存器寻址方式,得 Mod=11,R/m=011。指令的编码为 000000 11 11 000 011=03c3H。在 x86 机器中用 DEBUG 亦可验证如图 5-2 所示。

```
-a
0AF9:0100 add ax,bx
0AF9:0102
-u 0100
0AF9:0100 01D8      ADD     AX,BX
```

```
-e 0100
1388:0100  00.03    00.c3
-u 0100
1388:0100 03C3           ADD     AX,BX
```

图 5-1 add ax,bx 指令编码一   图 5-2 add ax,bx 指令编码二

(2) add ax,[bx]指令的操作码 OP 编码为 000000。用 Reg 表示目的操作数 ax,则 D/S=1,Reg=000。用 R/m 字段表示源操作数,是采用 bx 间接寻址方式,得 Mod=00, R/m=111。指令操作类型是字类型,W=1。指令的编码为 000000 1 1 00 000 111=0307H。在 x86 机器中用 DEBUG 可验证如图 5-3 所示。

(3) add [bx],cx 指令的操作码 OP 编码为 000000。用 Reg 表示源操作数 cx,则 D/S=0,Reg=001。用 R/m 字段表示目的操作数,是采用 bx 间接寻址方式,得 Mod=00,R/m=111。指令操作类型是字类型,W=1。指令的编码为 000000 01 00 001 111=010FH。在 x86 机器中用 DEBUG 可验证如图 5-4 所示。

```
-a
13C8:0100 add ax,[bx]
13C8:0102
-u 0100
13C8:0100 0307        ADD    AX,[BX]
```

图 5-3　add ax,[bx]指令编码

```
-a
9AF9:0100 add [bx],cx
9AF9:0102
-u 0100
9AF9:0100 010F        ADD    [BX],CX
```

图 5-4　add [bx],cx 指令编码

[例 5-2]　某机指令格式为,

| OP(6) | X(2) | D(8) |

其中 X 为寻址特征位,X=0 表示不变址,X=1 表示用变址寄存器 X1 变址,X=2 表示 X2 变址,X=3 表示相对寻址。D 是相对量。设当前 IP=1234H,X1=0037H,X2=1122H,确定下列指令的有效地址:4420H,2244H,1322H,3521H。

解:(1) 指令代码 4420H=0100 0100 0010 0000B,按指令格式划分为 OP=010001,X=00,说明操作数为不变址,即直接寻址 D=00100000=20H。所以有效地址=20H。

(2) 指令 2244H=0010 0010 0100 0100B,按指令格式划分为 OP=001000,X=10,采用 X2 寄存器变址,D=01000100=44H。所以有效地址=X2+44H=1122H+44H=1166H。

(3) 指令 1322H=0001 0011 0010 0010B,按指令格式划分为 OP=000100,X=11,为相对寻址,即用 IP 加相对量寻址 D=00100010=22H。所以有效地址=IP+22H=1234H+22H=1256H。

(4) 指令 3521H=0011 0101 0010 0001B,按指令格式划分为 OP=001101,X=01,采用 X1 寄存器变址,D=00100001=21H。所以有效地址=X1+21H=0037H+21H=0058H。

5.3　指令格式设计

设计指令系统时,必须考虑到指令系统中需要包含的因素,如操作码种类、寻址方式种类、可寻址的范围、寄存器数目、地址码种类等,设计时要综合考虑。

操作码的位数决定了指令系统的规模。也就是说,操作码字段的位数越长,可以设计的指令种类就越多。操作码可以是一个固定长度的代码,也可以是可变长度的代码。指令采用固定长度的操作码时,操作码部分长度相同,编码简单,只需对不同的指令确定一个不同

的二进制编码就可以了。长度 n 位的操作码可代表 2^n 种不同的指令。这种方式不利于指令系统中增加新的指令。可变长度的操作码是指每条指令可以有不同长度的操作码。为了区分不同指令,可以根据操作码的前缀进行判断。例如一条指令的操作码是 1100,则其他指令的操作码前 4 位就不能是 1100,否则译码器进行译码时不能区别两条指令的操作码。采用可变长度的操作码便于增加新的指令,提高了指令系统的可扩展性。

地址码的位数决定了访问操作数的寻址范围,即可访问的内存的规模。地址码部分如果包含有寻址方式,那么地址码位数越长,可以提供的寻址方式越多,给程序设计者的选择就越多。

指令长度为操作码和地址码长度之和,可以是变长度和固定长度。为了充分利用存储空间并便于访问内存,设计指令系统时,指令长度通常为字节的整数倍。指令越长,占用的内存空间越大。在满足操作种类、寻址范围和寻址方式的前提下,指令应尽可能短。

[例 5-3] 某机主存容量为 64 K×16,寄存器长度为 16。变址寄存器 1 个。要求设计指令系统,每条指令都为单字长、单地址形式,采用固定操作码,共有指令 60 种,有直接寻址、存储器间接寻址、变址寻址、相对寻址 4 种寻址方式。计算每种寻址方式的寻址范围。

解:CPU 字长 16 位,所以指令长度为 16 位。指令 60 种,则固定操作码需要 6 位编码。4 种寻址方式,寻址方式字段编码要 2 位。剩余为地址码部分,为 16−6−2=8 位。

计算每种寻址方式的寻址范围:

(1) 直接寻址:地址码长度 8 位,可寻址 2^8=256 字节。

(2) 存储器间接寻址:地址码代表一个单元,单元中可以放 16 位地址,2^{16}=64 K 字节。

(3) 变址寻址:变址寄存器中地址+指令地址码的值=$2^{16}+2^8-1$ 字节。

(4) 相对寻址:PC 寄存器中地址+指令地址码的值=$2^{16}+2^8-1$ 字节。

[例 5-4] 某台计算机有 100 条指令。(1)当采用固定长度操作码编码,操作码的长度是多少?(2)假如这 100 条指令中有 10 条指令的使用概率是 90%,其余 90 条指令的使用概率为 10%。设计一种可变长度的操作码编码方案,求出操作码的平均长度。

解:(1) 采用固定长度操作码时,100 条指令需要采用 7 位操作码。

(2) 采用可变长度的操作码编码方案时,为 10 条使用概率 90% 的指令分配 4 位编码 0000～1001。用 1010～1111 作为代码前缀,再扩展 4 位得到 10100000～11111110 的 8 位操作码,用于其余 90 条指令。指令操作码的平均长度=4×90%+8×10%=4.4 位。

[例 5-5] 某机字长 16 位,16 个寄存器都可以作为变址寄存器,采用扩展操作码方式设计指令系统格式及操作码编码,要求可以直接寻址 128 字节,变址的位移量可以是 −64～63,并且具有:(1)直接寻址的二地址指令 3 种。(2)变址寻址的一地址指令 6 种。(3)寄存器寻址的二地址指令 8 种。(4)直接寻址的一地址指令 12 种。(5)零地址指令 32 种。

解:(1) 直接寻址的二地址指令:指令格式包含操作码、地址码 1、地址码 2。要求寻址空间为 128 字节,则地址码长度为 7,所以操作码位数=16−2×7=2。用 00、01、10 作为 3 种指令的编码。

(2) 变址寻址的一地址指令:指令格式包含操作码、地址码 1 和变址位移量。变址位移量为 −64～63,所以位移量字段需要 7 位。地址码 1 为变址寄存器编码字段,16 个寄存器要 4 位。所以操作码位数 16－7－4＝5 位。用 11 作为这类指令操作码前缀,扩展 3 位编码得到 6 种指令。操作码编码为 11000～11101。

(3) 寄存器寻址的二地址指令:指令格式包含操作码、寄存器地址 1、寄存器地址 2。寄存器有 16 个,需 4 位编码,所以操作码是 16－4－4＝8 位。用 11110 作为前缀,扩展 3 位编码得到 8 条指令。操作码编码为 11110000～11110111。

(4) 直接寻址一地址指令:指令格式包含操作码、地址码 1。直接寻址 128 字节,则地址码为 7 位,操作码部分 16－7＝9 位。用 11111 作为前缀,扩展 4 位编码得到 12 条指令。操作码编码为 111110000～111111011。

(5) 零地址指令。指令格式中只有操作码部分,所以 16 位都是操作码。用 111111100 作为前缀,扩展 7 位编码得到 32 条指令。操作码编码为 1111111000000000～1111111000011111。

5.4 指令的执行

指令所组成的机器语言程序,在执行前一般存放在主存。执行时,CPU 内的指令部件硬件从程序入口地址开始,逐条取出指令并执行。

5.4.1 指令部件

指令部件包括程序计数器、指令寄存器、指令译码器。

(1) 程序计数器 PC(Program Counter),又称指令指针 IP(Instruction Pointer),用来提供读取指令的地址。有些计算机中 PC 存储当前正在执行的指令的地址,而有些计算机中 PC 用来存放即将执行的下一条指令的地址。PC 具有置数和增量计数功能。

(2) 指令寄存器 IR(Instruction Register),用于存放当前正在执行的指令代码。

(3) 指令译码器 ID(Instruction Decode),对指令的操作码部分进行分析解释,产生相应的控制电位发送给控制逻辑电路。

指令部件完成计算机取指令的功能,属于控制器的一部分。

5.4.2 指令的执行方式

(1) 指令顺序执行

程序中的指令一条接一条地顺序串行执行,每条指令执行时,内部的操作也是顺序串行执行的。一条指令的执行,一般分为取指令、分析指令和执行指令三个基本步骤。

(2) 指令流水

每条指令执行时不同阶段的操作涉及的硬件不一样,所以多条指令可以同时运行。比如第 i 条指令在分析指令阶段,第 $i+1$ 条指令可以进行取指令阶段,这两个阶段是同时进行的,从而一串指令的完成时间缩短。将指令执行的每一步对应相应的流水线段来完成,就构成一条指令流水线。

[例 5-6] 如一条指令流水线由 5 段组成,每段涉及的硬件不相同。s1 段:由 Cache 和主存取指令。s2 段:由指令译码器对指令进行译码。s3 段:由寻址部件进行地址计算,读取操作数。s4 段:由执行机构完成指定运算或操作。s5 段:运算结果写入目的操作数。设每

段执行时间为 1 个时钟周期。若有 4 条指令要执行,比较非流水线执行和流水线执行的执行周期。

解:① 非流水线执行时,每条指令 5 段顺序执行,4 条指令顺序执行,则总共需要 20 个时钟周期。指令执行示意如图 5-5 所示。

图 5-5 一条 5 段指令顺序执行示意图

② 流水线执行时,将指令间的不同段重叠执行,总共只需要 8 个时钟周期。流水线执行示意如图 5-6 所示。

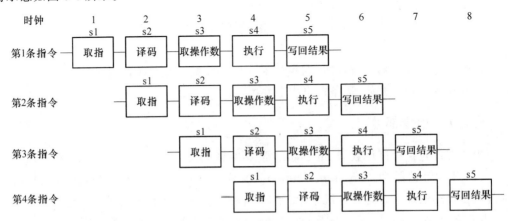

图 5-6 4 条 5 段指令流水线执行示意

(3) 指令发射

指令发射是指启动指令进入执行的过程。指令发射策略对于充分利用指令级的并行度,提高处理器性能十分重要。

按程序指令的次序发射指令,称为按序发射。为改善流水线性能,可以将有的指令推后发射,有的指令提前发射。不按程序原次序发射指令,称为乱序发射或无序发射。

Pentium 处理器采用的是按序发射按序完成策略。Pentium II/III 采用的是按序发射、无序完成策略。

5.5 CISC 和 RISC

按照指令设计和实现的风格,可以将计算机分成复杂指令系统计算机(CISC)和精简指令系统计算机(RISC)。

随着计算机的发展,计算机系统为了提供更强的功能和保持兼容性,不断增加指令类型和数量,使得指令系统越来越复杂。许多计算机的指令数达到 200 条以上,有些指令的功能非常复杂,有多种不同寻址方式、指令格式和指令长度。这种计算机被称为 CISC(Complex Instruction Set Computer)。

CISC 计算机的主要特征有：

（1）指令系统复杂，指令条数一般在 200 条以上，格式一般多于 4 种，寻址方式也在 4 种以上。

（2）控制器复杂，占据了相当大的 CPU 芯片面积。而统计表明，程序的实际执行过程中，80％～90％的时间是在执行 10％～20％的简单指令。

（3）编译程序负担重。指令丰富，程序员编程时选择空间大，减轻了编程的工作量。但是这样使得编译程序选择目标指令的范围更大，增加了编译程序的负担，编译所需时间就越长，难以生成高效的机器语言程序。

人们提出 RISC（Reduced Instruction Set Computer）概念，通过简化指令系统来寻找提高系统性能的方法。RISC 通过减少指令种类、规范指令格式和简化寻址方式，方便了处理器内部的并行处理，提高了处理器的性能。

RISC 计算机的主要特征有：

（1）指令系统由基本的、必要的指令构成，指令格式一般不超过 4 种，寻址方式一般不超过 5 个，指令集的指令总数大都不超过 100 条。

（2）指令集中大多数是以寄存器-寄存器方式工作，一般指令不对存储器操作，且在一个机器周期内执行完毕，减少了指令平均执行周期数。

（3）指令都以流水方式工作，实现指令的并行操作。

CISC 计算机可以简化编程，兼容性好，大多数台式计算机的 CPU 方案采用 CISC 方案，如 Intel 和 Motorola 芯片。RISC 计算机存在的问题是指令功能简单使得程序代码较长，但是 CPU 效率高，通常比 CISC 计算机快。当前和将来的处理器方案似乎更倾向于 RISC，如工作站处理器 IBM RS 系列芯片采用了 RISC 体系结构。

5.6 实 验 设 计

本节实验的目的是了解 PC 机中的指令系统、了解 AEDK 模型机的指令系统。

5.6.1 PC 机的指令系统

Intel 8086/8088 CPU 的指令系统分成 6 个功能组，共有一百多条指令，有较丰富的寻址方式。

数据传送类指令是汇编语言程序设计中最常用的指令。数据传送类指令有 MOV/XCHG/XLAT/PUSH/POP/LEA/IN/OUT/LAHF/SAHF/PUSHF/POPF/LDS/LES 等指令。当需要对 CF、DF 和 IF 等标志位进行操作时，可以直接使用标志设置指令 CLC/STC/CLD/STD/CLI/STI 等指令。

算术运算类指令执行数据的加减乘除运算。进行一次数据运算除需将运算结果保存为目的操作数外，通常还会涉及或影响到状态标志。加法和减法类指令有 ADD/ADC/SUB/SBB/CMP/INC/DEC/NEG 等指令。乘法和除法指令有 MUL/IMUL/DIV/IDIV 等指令。逻辑运算指令有 AND/OR/NOT/XOR/TEST 等指令。移位指令有 SHL/SAL/SHR/SAR/ROL/ROR/RCL/RCR 等指令。

串操作类指令是 80x86 CPU 指令系统中比较独特的一类指令。它处理主存中一个连续的数据串。串操作类指令有 MOVS/STOS/LODS/CMPS/SCAS 等指令。

程序中的分支、循环和子程序等结构都需要与控制转移类指令配合才能实现。控制转移类指令有 JMP/JNZ/JNE/JS/JNS/JP/JPE/JNP/JPO/JO/JNO/JC/JB/JNAE/JNC/JNB/JAE/JBE/JNA/JNBE/JA/JL/JNGE/JNL/JGE/JLE/JNG/JNLE/JG/LOOP/等指令。

在 DEBUG 下,输入程序段如下,做两个无符号数比较,了解条件转移指令执行结果。

MOV AL,0FFH	; AL = 0FFH,无符号数 255D
MOV BL,00H	; BL = 00H,无符号数 0D
CMP AL,BL	; 比较指令做 AL 和 BL 减法,置标志位 ZF = 0,CF = 0
JA 010CH	; 判断标志位 ZF、CF,跳转
MOV AL,1	; 若不满足 ZF = 0 且 CF = 0 则 AL = 1
JMP 010EH	
MOV AL,0	; 若满足 ZF = 0 且 CF = 0 则 AL = 0

执行过程如图 5-7 所示。

```
-A
0AF9:0100 MOU AL,FF
0AF9:0102 MOU BL,0
0AF9:0104 CMP AL,BL
0AF9:0106 JA 010C
0AF9:0108 MOU AL,1
0AF9:010A JMP 010E
0AF9:010C MOU AL,0
0AF9:010E
-G=0100 010E

AX=0000  BX=0000  CX=0000  DX=0000  SP=FFEE  BP=0000  SI=0000  DI=0000
DS=0AF9  ES=0AF9  SS=0AF9  CS=0AF9  IP=010E  NU UP EI NG NZ NA PE NC
0AF9:010E 07            POP       ES
```

图 5-7　无符号数比较程序段执行过程

本例执行比较后,因为 0FFH＞00H,所以 ZF＝0 且 CF＝0,条件转移指令执行后跳转到 IP＝010CH 的指令执行,即 AL＝0。

5.6.2　AEDK 实验机的指令系统

(1) 指令部件模块

实验机由 1 片 74LS374 作为指令模块的数据寄存器 IR_1,1 片 74LS374 作为地址锁存器 IR_2。2 片 74LS161 作为 PC 计数器。2 片 74LS245(同时只有 1 片输出)作为当前 PC 地址的输出,PC-OUT 作为地址输出端,可通过 8 芯扁平电缆直接连接到地址总线。1 片 74LS153 来实现多种条件跳转指令(JZ,JC 等跳转指令)。实验机指令部件模块的构成如图 5-8 所示。

(2) 指令部件模块原理

指令数据寄存器 IR_1(74LS374)的 EIR_1 为低电平并且 IR1CK 为上升沿时,把来自数据总线的数据打入寄存器 IR_1,IR_1 的输出就作为本系统内的 8 位指令 $I_0 \sim I_7$ 代码。在本系统内由这 8 位指令可最多译码 256 条不同的指令,通过编码可对应这些指令在微程序存储器中入口地址,并且输出相应的微指令。

2 片 74LS161 组成了 PC 指针寄存器,它有信号 ELP、信号 PC-O,脉冲 PCCK 来控制

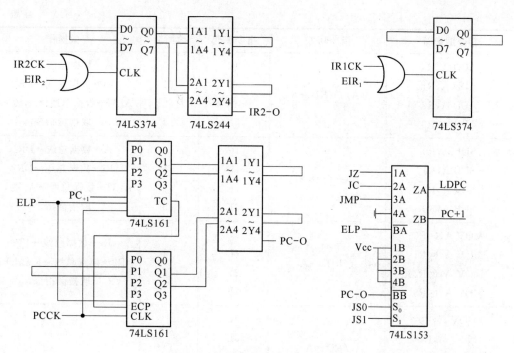

图 5-8 指令部件模块逻辑示意图

PC 指针＋1 和 PC 指针置数等操作。当 ELP＝0,PCCK 来上升沿时可重新置 PC 值。当 PC-O＝1、ELP＝1、PCCK 来上升沿时把 PC 的值加 1,并且把 PC 的值作为地址输出到地址总线上。

当 EIR_2 为低电平,并且 IR2CK 上有上升沿时,数据总线上的数据打入 IR_2 锁存器。当 $EIR_2＝0$,PC-O＝1,IR2-O＝0 时,把 IR_2 的值作为地址输出到地址总线上。

74LS153 是 4 选 1 的芯片,可通过 JS_0、JS_1 来选择 JC 还是 JZ 来实现条件跳转的指令,功能如表 5-3 所示。

表 5-3 JS_0、JS_1 功能选择

JS_1	JS_0	功能	JS_1	JS_0	功能
0	0	选择 JZ。当通用寄存器为 0 时跳转	1	0	当前 PC 指针加 1
0	1	选择 JC。当进位寄存器为 0 时跳转	1	1	重新设置当前 PC 指针,实现 JMP 指令

（3）指令系统

模型机指令系统表见表 5-4 所示。

表 5-4 AEDK 实验机指令系统表

指令助记符	指令功能	指令编码	微周期	微操作
取指微指令			T0	PC→地址总线→RAM RAM→数据总线→IR1

指令助记符	指令功能	指令编码	微周期	微操作

ADD A,R0
ADD A,R1
ADD A,R2
ADD A,R3
	(A)+(Ri)→A	0C
		0D
		0E
		0F
			T0
			T1
			T2
			T3
				A→数据总线→DR1
				Ri→数据总线→DR2
				ALU→数据总线→A,置CY
				取指微指令

SUB A,R0
SUB A,R1
SUB A,R2
SUB A,R3
	(A)-(Ri)→A	1C
		1D
		1E
		1F
			T0
			T1
			T2
			T3
				A→数据总线→DR1
				Ri→数据总线→DR2
				ALU→数据总线→A,置CY
				取指微指令

MOV A,@R0
MOV A,@R1
MOV A,@R2
MOV A,@R3
	((Ri))→A	2C
		2D
		2E
		2F
			T0
			T1
			T2
				Ri→数据总线→IR2
				IR2→地址总线→RAM→A
				取指微指令

MOV A,R0
MOV A,R1
MOV A,R2
MOV A,R3
	(Ri)→A	3C
		3D
		3E
		3F
			T0
			T1	

MOV R0,A
MOV R1,A
MOV R2,A
MOV R3,A
	(A)→Ri	4C
		4D
		4E
		4F
			T0
			T1
				A→数据总线→Ri
				取指微指令

MOV A,#data	#data→A	5F	T0 T1	RAM→数据总线→A 取指微指令

MOV R0,#data
MOV R1,#data
MOV R2,#data
MOV R3,#data
	#data→Ri	6C
		6D
		6E
		6F
			T0
			T1
				RAM→数据总线→A
				取指微指令

LDA addr	(addr)→A	7F	T0 T1 T2	RAM→数据总线→IR2 IR2→地址总线,RAM→A 取指微指令
STA addr	(A)→(addr)	8F	T0 T1 T2	RAM→数据总线→IR2 IR2→地址总线,A→RAM 取指微指令
RLC A	C,A左移一位	9F	T0 T1	A≪1,置CY 取指微指令

指令助记符	指令功能	指令编码	微周期	微操作
RRC A	C,A 右移一位	AF	T0 T1	A≫1,置 CY 取指微指令
JZ addr	A=0,(addr)→PC	B3	T0 T1	条件成立:RAM→PC 取指微指令
JC addr	Cy=0,(addr)→PC	B7	T0 T1	条件成立:RAM→PC 取指微指令
JMP addr	(addr)→PC	BF	T0 T1	RAM→PC 取指微指令
ORL A,♯data	(A)或♯data→A	CF	T0 T1 T2 T3	A→数据总线→DR1 RAM→数据总线→DR2 ALU→数据总线→A 取指微指令
ANL A,♯data	(A)与♯data→A	DF	T0 T1 T2 T3	A→数据总线→DR1 RAM→数据总线→DR2 ALU→数据总线→A 取指微指令
HALT	停机	FF	T0	停机

(4) 实验内容及步骤

项目 1:PC 计数器中置数操作

操作示例:将数据 05H 置入 PC 中,表示 CPU 下一条要执行的指令的地址是 05H。

① 把 EIR_1,EIR_2,PC-O,IR2-O,ELP,JS_0,JS_1 用信号线接入 CPT-B 上的二进制开关(对应控制信号开关)。把 IR1CK 和 IR2CK 一起接入脉冲单元 PLS 中。PCCK 接入 PLS中另一个。

② 设置二进制开关:

数据二进制开关为 05H。

D_7	D_6	D_5	D_4	D_3	D_2	D_1	D_0
0	0	0	0	0	1	0	1

控制信号开关:

EIR_1	EIR_2	PC-O	IR2-O	ELP	JS_0	JS_1
1	0	1	1	0	1	1

③ 按 PLS 脉冲按键,在 IR2CK 上产生一个上升沿,把数据总线上的 05H 打入 IR_2寄存器。

④ 置 PC-O＝0，将 PC 中的数值读出在地址总线上，可以看到地址总线上的指示灯显示 00000101。

项目 2：PC 计数器＋1 操作

操作示例：将 PC 中现有的 05H 值加 1，实现指向下一条指令。

① 在项目 1 的基础上，置控制信号开关：

EIR₁	EIR₂	PC-O	IR2-O	ELP	JS₀	JS₁
1	1	0	1	1	1	1

② 按 PLS 脉冲按键，在 PCCK 上产生一个上升沿，PC 计数器加 1。因为 PC-O 为 0，所以 PC 的值会输出到地址总线上，地址总线上的指示灯显示为 00000110。

项目 3：置指令寄存器

操作示例：将指令 MOV R0,A（二进制机器代码为 4CH）放入指令寄存器中。

① 设置二进制开关

数据二进制开关为 4CH

D_7	D_6	D_5	D_4	D_3	D_2	D_1	D_0
0	1	0	0	1	1	0	0

控制信号开关为：

EIR₁	EIR₂	PC-O	IR2-O	ELP	JS₀	JS₁
0	1	1	1	1	0	0

② 按 PLS 脉冲按键，在 IR1CK 上产生一个上升沿，把数据总线上的数据 4CH 打入 IR₁ 锁存器。在指令寄存器指示灯 I₀～I₇ 上显示 4CH。

5.6.3 EL 实验机的指令系统

（1）EL 实验系统的指令部件结构

EL 实验系统的指令寄存器和指令译码器都是 EP1K10 实现。逻辑结构图如图 5-9 所示。

指令寄存器电路和指令译码器电路由 EP1K10 实现。P1～P4、LRi、RAG、RBG、RCG 为微程序译码产生的控制信号。T3 为时钟，I7～I0 为指令寄存器的输出 IR、CA1、CA2 为机器指令的读、写、运行的控制端。P1～P4 是微指令的 4 个测试位。RAG、RBG、RCG 根据机器指令产生工作寄存器 R0、R1、R2 的选通译码信号 LR0～LR2。LRi 是工作寄存器的信号译码使能控制位。RG0～RG2 是三个寄存器总线输出信号。SA0～SA4 是微程序地址信号。

EL 实验系统中，输入设备、输出设备、存储器和运算器，通过总线挂接在一起。为了使它们的输出互不干扰，这些设备都有三态输出控制，且任意两个输出控制信号不能同时有效。数码管显示电路中，D-G 为使能信号，W/R 为写信号。当 D-G 为低电平时，W/R 的下降沿将数据线上的数据打入显示缓冲区，并译码显示。

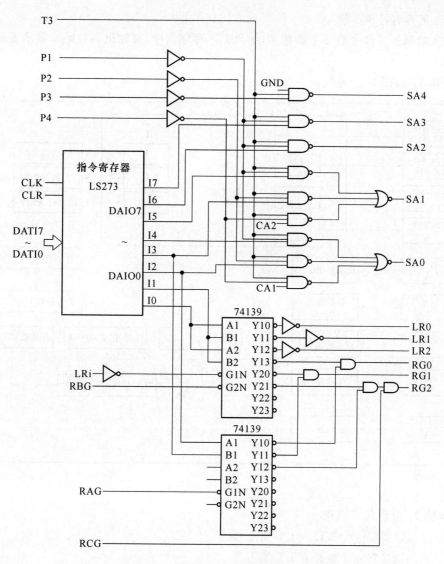

图 5-9 EL 实验机指令部件逻辑结构图

系统结构示意如图 5-10 所示。

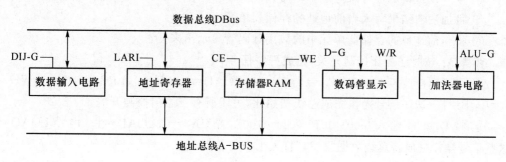

图 5-10 EL 实验系统结构示意图

（2）实验内容和步骤

在实验机上操作完成 2 个数相加，结果存入存储器中，再输出到数码管显示出来。操作流程如下。

步骤 1：按图 5-11 连线。

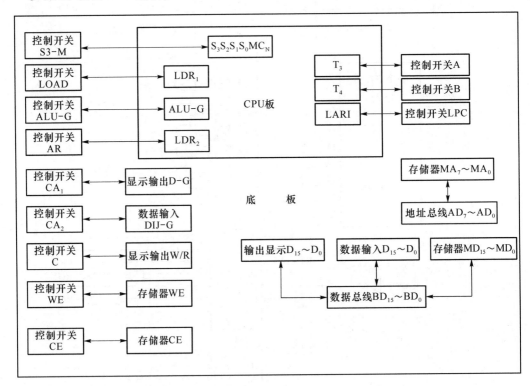

图 5-11　实验连线

步骤 2：分析任务流程

① 输入设备将一个数打入 LT_1 寄存器。

② 输入设备将一个数打入 LT_2 寄存器。

③ 加法器电路将 LT_1、LT_2 寄存器中的数相加。

④ 输入设备将地址打入地址寄存器。

⑤ 将加法器结果写入当前地址的存储器单元中。

⑥ 将当前地址的存储器单元中的数用数码管显示出来。

步骤 3：按时序操作控制开关，完成程序任务

① ALU-G＝1，CA_1＝1，CA_2＝1，CE＝1，LOAD＝0，AR＝0，LPC＝0，C＝1，WE＝1，A＝1，B＝1。这些信号操作完成总线初始化，关闭所有三态门控制开关。

② 将 $D_{15} \sim D_0$ 输入"0001 0010 0011 0100"，置 CA_2＝0，LOAD＝1。再置 LOAD＝0。这些信号操作完成将总线数据"1234"打入 LT_1 寄存器。

③ 将 $D_{15} \sim D_0$ 输入"0101 0110 0111 1000"，置 AR＝1，再置 AR＝0。这些信号操作完成将总线数据"5678"打入 LT_2 寄存器。

④ 将 $S_3 S_2 S_1 S_0 MC_N$ 拨至"100101"。这些信号操作完成计算两数之和。

⑤ 将 $D_7 \sim D_0$ 拨至"0000 0001",置 LPC＝1,再置 LPC＝0。这些信号操作完成将"01H"打入地址寄存器。

⑥ 置 CA_2＝1,ALU-G＝0,WE＝0,CE＝0。这些信号操作完成将运算结果写入当前地址的存储器单元中。再置 CE＝1,WE＝1。

⑦ 置 ALU-G＝1,CE＝0,CA_1＝0,C＝0。这些信号操作完成将当前地址的存储单元的数据输出至数码管。再置 C＝1,CE＝1,CA_1＝1。上述步骤完成,输出显示电路上出现"68AC"。

习　题　5

1. 某计算机指令中只有一个源操作数,隐含目的操作数为累加器 X。Y 是基址寄存器,Z 是变址寄存器。Y＝1,Z＝2。主存 100 到 107 单元内容为 00、11、22、33、44、55、66、77。写出下面指令的执行结果。

(1) LOAD　　100　　;立即寻址

(2) LOAD　　(100)　　;直接寻址

(3) LOAD　　100＋Y　　;基址寻址

(4) LOAD　　100＋Z　　;变址寻址

2. 设一台计算机指令长度为 16 位,指令格式为:

OP	R	M	D

其中 D 占 0～5 位,M 占 6～7 位,R 占 8～10 位,OP 占 11～15 位。其中 OP 为操作码,R 为目标空间,R 从 000 到 111,分别顺序表示目标空间为 R0～R7。M 为操作方式,和 D 一起决定源操作数。M＝00 为立即寻址,D 为立即数。M＝01 为相对寻址,D 为位移量。M＝10 为变址寻址,D 为位移量。假设现在执行 001000 单元的加法指令,指令执行前内存如表 5-5 所示,寄存器值如下:R0＝000015,变址寄存器值为 001002。(1)若指令中 M＝00,则指令执行的结果是多少? (2)若指令中 M＝10,则指令执行的结果是多少? (3)若指令中 M＝01,则指令执行的结果是多少?

表 5-5　内存内容

地址	内容	地址	内容	地址	内容	地址	内容
001000	ADD 000, M, 01	001002	001150	…	…	002002	002016
001001	001050	001003	001250	002001	002006		

OP	X1	X2	X3

3. 某计算机指令格式为:

OP 字段:2 位,为 00 表示加法指令 ADD,为 01 表示传送 MOV。

X1 字段:2 位,表明目的操作数的寄存器,分别是 R0～R3 的寄存器编号。寄存器 8 位。

X2 字段:2 位。00 表示直接寻址,X3 中为直接寻址的地址。01 表示寄存器寻址,X3 中为寄存器编号。10 表示相对寻址,X3 中为相对于 IP 寄存器的相对量。11 表示寄存器间接寻址,X3 中为寄存器编号。

X3 字段 2 位,其内容含义由 X2 字段定义。

若 IP=0100,执行一条指令的结果会是多少?指令执行前 R0～R3 中都是 00000100B。内存单元地址及内容如表 5-6 所示。

表 5-6   内存单元地址及内容

单元地址	单元内容	单元地址	单元内容	单元地址	单元内容
0100	00111000	0110	00000010	1000	00000100
0101	00000001	0111	00000011		

4. 某机字长 24 位,CPU 中有 16 个 32 位的寄存器,(1)设计一种指令系统格式,能够具有 200 种操作,操作数为二地址指令,每个操作数可以有 10 种寻址方式。(2)在你设计的指令系统中,当采用直接寻址方式时,能够寻址的范围是多少?当采用寄存器间接寻址方式时,可以寻址的范围是多少?

5. 某机指令系统采用定字长指令格式,指令字长 16 位。每个操作数的地址编码长 6 位,指令分二地址,单地址和无地址三类。若二地址指令有 m 条,单地址指令有 n 条,则无地址指令最多有多少条?

6. 已知(BX)=0100H,(SI)=0002H,(0100H)=12H,(0101H)=34H,(0102H)=56H,(0103H)=78H,(1200H)=2AH,(1201H)=4CH,(1202H)=0B7H,(1203H)=65H,说明下面指令执行之后 AX 的值。

① MOV AX,[BX][SI]   ② MOV AX,[BX]   ③ MOV AX,BX
④ MOV AX,1200H   ⑤ MOV AX,[1200H]

第6章 中央处理器

计算机系统中,中央处理器(Central Processing Unit,CPU)是计算机工作的指挥和控制中心。CPU 主要负责读取程序中的每条指令,解释并执行指令,实现指令规定的功能,是计算机系统的核心部件。

6.1 中央处理器的结构与功能

中央处理器是由运算器和控制器两大部分组成的。控制器的主要功能是从内存取出指令,对指令进行译码,产生相应的操作控制信号,控制计算机的各个部件协调工作。运算器接受控制器的命令进行操作,完成所有的算术运算和逻辑运算。控制器是整个系统的操控中心。在控制器的控制之下,运算器、存储器和输入输出设备等部件构成一个有机的整体。

早期的计算机中,由于器件集成度低,运算器和控制器是两个相对独立的部分。随着大规模集成电路和超大规模集成电路技术发展,微型计算机中,运算器和控制器集成在一块芯片上,称为微处理器。而在中型机、大型机和巨型机中,仍保持相对独立的地位。

6.1.1 中央处理器的功能

冯·诺依曼计算机的特征是存储程序并自动运行。指令和数据存储在主存储器中,由计算机自动完成取出指令和执行指令的任务。中央处理器除了完成指令的解释和执行功能外,还控制计算机的启动、停止、执行数据计算和传输等操作。概括起来,中央处理器的功能有以下几方面。

(1)指令控制。程序由一个指令序列构成,这些指令必须按照程序规定的顺序执行。CPU 必须对指令执行进行控制,保证指令序列的执行结果的正确性。

(2)操作控制。一条指令的功能一般需要几个操作步骤完成,每个步骤产生若干个控制信号送往相应的部件。控制器必须控制这些操作步骤的实施,包括各控制信号之间时间上的控制。

(3)数据处理。根据指令功能对数据进行算术运算或逻辑运算等操作。这个功能由运算器完成。

(4)中断和异常处理。对 CPU 内部出现的意外情况等进行处理,如运算中的溢出,以及外部设备中断请求处理等。

6.1.2 中央处理器的基本结构

按冯·诺依曼型计算机结构,计算机由运算器、控制器、存储器、输入设备和输出设备五大功能部件组成。运算器和控制器构成了 CPU。CPU 和内存储器构成主机。图 6-1 给出了一个简化的单总线 CPU 和内存构成的主机框架图。

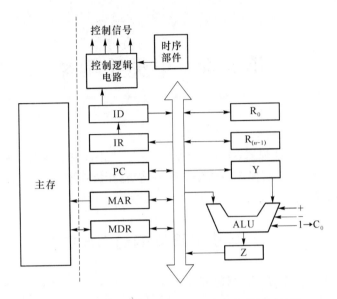

图 6-1 一个单总线 CPU 和内存构成的主机框架图

在这个主机框架图中,虚线左侧是主存储器,虚线右侧是中央处理器 CPU。主存储器外部有地址总线和数据总线。CPU 内部各模块通过一条公共总线相连,是内部总线。CPU 内部采用单总线结构,实现成本低,但是会因为总线使用冲突影响系统性能。存储器总线经由存储器数据寄存器 MDR 和存储器地址寄存器 MAR 连到 CPU 内部数据总线。

存储器地址寄存器 MAR 用来保存当前 CPU 所访问的内存单元地址。由于 CPU 和内存之间有速度差异,所以必须使用地址寄存器来保存地址信息,直到内存读写操作完成。存储器数据寄存器 MDR 是 CPU 和主存及外部设备之间信息传送的中转站。当通过数据总线向存储器或外部设备存取数据时,数据暂时存放在 MDR 中,因此也称为数据缓冲器。

主存储器中存放数据和指令。CPU 要从主存读取数据或指令,则必须给出该数据的主存单元地址到 MAR 中,并向存储器发送读操作信号,然后等待数据从主存读出并存放到存储器总线的数据总线上。CPU 读主存储器时发出的读信号定义为 RM。CPU 要向主存写入数据,则必须给出主存单元地址到 MAR 中,然后通过存储器地址总线选中要访问的单元,同时把数据送到存储器数据寄存器 MDR 中,再送到存储器数据总线,最后向存储器发送写操作信号,然后等待数据写入到主存单元中。CPU 写主存储器时发出的写信号定义为 WM。主存储器完成读写操作会向 CPU 发送存储器操作完成信号(Memory Function Completed,MFC)。

在 CPU 内部,还有寄存器组、运算器和控制器等。

(1) 通用寄存器组

每一个 CPU 内部都会设置一些通用寄存器,用于保存运算数据或运算结果。在图 6-1 所示的计算机中,n 个寄存器名称为 $R_0 \sim R_{n-1}$。这些寄存器需要有数据输入输出的控制信号。数据输入寄存器的控制信号定义为 Rn_{in},数据输出寄存器的控制信号定义为 Rn_{out}。

(2) 运算器

运算器包括算术逻辑单元 ALU 和暂存器。ALU 完成各种算术运算和逻辑运算。暂存器用于暂存 ALU 运算的数据和结果。在图 6-1 所示的计算机中,Y 是 ALU 的输入暂存器,存放一个需要 ALU 运算的数据。Z 是 ALU 的输出暂存器,存放 ALU 运算后的结果。

暂存器 Y 有 2 个控制信号,数据输入 Y 的控制信号定义为 Y_{in},数据输出 Y 的控制信号定义为 Y_{out}。暂存器 Z 有 2 个控制信号,数据输入 Z 的控制信号定义为 Z_{in},数据输出 Z 的控制信号定义为 Z_{out}。ALU 有多种运算,控制信号比较多,图 6-1 所示计算机中简化这些控制信号,其中+表示 ALU 加法控制信号,-表示 ALU 减法控制信号,$1 \rightarrow C_0$ 表示 ALU 低位进位置 1 的控制信号。

（3）控制器

控制器是 CPU 中的重要部件。在图 6-1 所示的计算机中,控制器由程序计数器 PC、指令寄存器 IR、指令译码器 ID、时序产生电路和控制逻辑电路等组成。

程序计数器（Program Counter,PC）,又称指令指针（Instruction Pointer,IP）,用来提供读取指令的地址。有些计算机中 PC 存储当前正在执行的指令的地址,而有些计算机中 PC 用来存放即将执行的下一条指令的地址。PC 具有置数和增量计数功能。在程序执行前,必须将程序的起始地址送入 PC。当指令执行的时候,PC 的值自动增量,以指向后继指令的地址。如果遇到改变顺序执行程序的情况,则由转移类指令将转移地址送往程序计数器 PC,作为下一条指令的地址。程序计数器 PC 的操作控制信号有 PC_{out}、PC_{+1}、PC_{in}。PC_{out} 信号用于控制 PC 送出存放的指令地址到存储器地址总线,以便读取指令。PC_{+1} 信号用于控制 PC 实现地址增量操作。PC_{in} 信号用于往 PC 中置入新的指令地址。

指令寄存器（Instruction Register,IR）,用于存放当前正在执行的指令代码。目前大多数计算机都将指令寄存器扩充为指令队列,允许预取若干条指令。指令寄存器的操作控制信号有 IR_{in} 和 IR_{out}。IR_{in} 用于完成指令写入 IR 寄存器操作。IR_{out} 用于完成从 IR 读出指令,送往指令译码器操作。

指令译码器（Instruction Decode,ID）,对指令的操作码部分进行分析解释,产生相应的控制电位发送给控制逻辑电路。

时序产生电路,用于产生计算机需要的时序信号。计算机高速自动运行,每一个操作都必须遵循严格的时间规定。计算机操作运行的时间顺序称为时序。计算机加电启动后,在时钟脉冲的作用下,CPU 根据当前正在执行的指令的要求,利用定时脉冲的顺序和不同的脉冲间隔,有条理有节奏地指挥机器各个部件进行相应的操作。

控制逻辑电路根据指令功能,在指定的时间及状态条件下,正确给出控制各功能部件正常运行所需要的全部命令,并根据被控功能部件的反馈信号调整时序控制信号。

6.1.3 中央处理器的控制流程

程序是完成某个确定功能的指令序列。计算机通过不断地取指令、分析指令和执行指令的过程,完成程序要求的功能。中央处理器的控制流程如下。

（1）取指令

程序指令存放在内存储器中。程序计数器 PC 中的指令地址传送到存储器地址寄存器 MAR,再发送到内存地址总线,控制器发送读操作信号 RM,从内存中读出指令到存储器数据总线,存入存储器数据寄存器 MDR 中,再经由内部数据总线,送入指令寄存器 IR 中。

（2）分析指令

指令寄存器 IR 中的指令,送入指令译码器 ID。在指令译码器 ID 中,按照指令格式进行分析、解释,识别指令要进行的操作,以及根据寻址方式形成操作数地址等,之后产生相应的操作命令。

（3）执行指令

根据指令分析阶段得到的操作命令和操作数地址，形成相应的操作信号序列。这些操作信号序列送到需要操作的运算器、存储器以及外部设备，使相应的部件工作完成指令的功能。

（4）异常和中断处理

计算机出现某些异常情况，如算术运算溢出等，或者某些外部设备发出"中断请求"信号，那么在执行完当前指令后，CPU 要停止当前的程序，转去处理这些异常的中断服务程序。当处理完毕后，再返回原程序继续运行。

计算机中控制器就这样周而复始地取指令、分析指令、执行指令，再取指令、再分析指令、再执行指令……直到程序结束或出现外来的干预为止。

6.1.4 中央处理器的时序控制方式

CPU 执行一条指令实质上是由控制器依据指令的功能，送出一系列的控制信号，完成指令的功能。指令功能不同，控制器发送的控制信号和发出的时间也不同。这就必须考虑用怎样的时序方式控制。一般而言，有 3 种时序控制方式：同步、异步和联合控制方式。

（1）同步控制方式

系统有一个统一的时钟，所有控制信号均由这统一的时钟源产生。同步方式的时序信号通常由周期、节拍、脉冲组成。这种方式下，各种类型的指令都规定其机器周期数和每个周期的节拍数。控制器发送的控制信号，具有固定的频率和宽度，以时钟脉冲为基准。

同步控制方式的优点是时序关系比较简单，控制部件在结构上易于集中，设计简单，时序电路易于共用，因而成本低。在 CPU 内部及其他设备内部，广泛采用同步控制方式。但是由于各项操作所需时间不同，却安排在统一而固定的时钟周期内完成，就要根据最长的操作时间来设计时钟周期宽度，这就存在时间上的浪费。

（2）异步控制方式

异步控制方式，根据各操作的具体需要来安排时间，不受统一时序的控制。一条指令需要多少节拍，就产生多少节拍。前一操作执行完毕，发送"就绪"信号作为下一操作的"起始"信号。异步控制方式下，没有固定的周期节拍和严格的时钟同步，信号的形成电路分散在各功能部件中。异步控制方式比同步控制方式效率高，但是硬件实现较为复杂。

（3）联合控制方式

将同步和异步控制方式结合起来的控制方式称为联合控制方式。把各操作序列中那些可以统一的部分，安排在一个固定周期、节拍和严格时钟同步的时序控制下执行。而难以统一，甚至执行时间都难确定的操作按照实际需要占用操作时间，通过握手信号和公共的同步控制部分衔接起来。

现代计算机大多采用同步控制方式或联合控制方式。

6.2 指令执行过程

程序在运行前装入到主存储器。要执行这个程序，CPU 从主存一条一条地读取指令，依次执行。计算机主频的周期称为时钟周期。从一条指令启动到下一条指令启动的时间间隔称为指令周期。指令的执行过程中包含若干个操作步骤,每个基本操作的时间称为机器周期。不同指令包含的周期数取决于指令的功能。早期的计算机中,一个指令周期一般需要几个机器周期完成,一个机器周期需要几个时钟周期。新型计算机中,采用硬件并行技术以及简化的指令系统,使得平均指令周期可以等于甚至小于一个时钟周期,机器周期一般等于一个时钟周期。

一条指令的执行过程,都要经由取指周期和执行周期。下面以图 6-1 所示的计算机为例,研究典型的指令周期。

(1) 取指周期

取指周期需要根据程序计数器 PC 中的指令地址,从内存将指令读取到指令寄存器 IR 中。同时,由于程序计数器 PC 中的指令地址已经送出,需要自动加 1 得到下一条指令的地址。为完成这些功能,CPU 的操作序列如下。

① PC→MAR;程序计数器中的指令地址送存储器地址寄存器 MAR

② MAR→M;存储器地址寄存器 MAR 中的地址送内存储器

③ M→MDR;存储器中取出的指令送到存储器数据寄存器 MDR

④ PC+1→PC;程序计数器 PC 值自动加 1

⑤ MDR→IR;指令从存储器数据寄存器 MDR 传送到指令寄存器 IR

由于前 4 步的传输过程,使用的是不同的传输总线,所以可以同时执行。这样取指周期的操作序列可以表示为:

① PC→MAR→M→MDR

② MDR→IR,PC+1

为完成每一步操作,需要对该操作涉及的部件发送相应的控制信号。取指周期的控制信号序列表示为:

① PC_{out},MAR_{in},MAR_{out},RM,MDR_{in}

② MDR_{out},IR_{in},PC_{+1}

取出指令后,根据指令的类型,指令执行周期的操作也不同。下面分别介绍几种典型的指令执行周期,如非访存传送类指令执行周期、访存传送类指令执行周期、非访存运算类指令执行周期、访存运算类指令执行周期和控制指令执行周期,了解这些指令执行周期的操作序列和控制信号序列。

(2) 非访存传送类指令执行周期

如果指令寄存器 IR 中的指令为非访存传送类指令,则操作数在 CPU 内部的寄存器中,不需要访问存储器或外设,直接对寄存器操作就可以了。非访存传送类指令只需要一个机器周期就可以完成。

[例 6-1] 当前指令为 MOV R2,R1,写出该指令执行周期操作序列和控制信号序列。

解:指令功能为将 R1 的数据传送到 R2,其操作序列如下:

① R1→R2;寄存器 R1 的数据读出,传送到 R2

对应的控制信号序列如下:

② $R1_{out}$,$R2_{in}$

(3) 访存传送类指令执行周期

如果指令寄存器 IR 中的指令为访存传送类指令,则要根据指令的寻址方式得到操作数的有效地址,再根据有效地址访问存储器,得到操作数,再进行数据传送。访存传送类指令由于需要访问存储器,所以执行周期需要 2 个机器周期。

[例 6-2]　当前指令为 MOV [20H],R2,写出该指令执行周期操作序列和控制信号序列。

解:指令功能为将 R2 的数据传送到内存 20H 单元。指令执行时,要先将地址装入存储器地址寄存器 MAR,再将数据装入存储器数据寄存器 MDR,发"写"信号。指令代码在指令寄存器 IR 中,所以可以从 IR 的地址段部分获得地址。

操作序列如下:

① $IR_{(地址段)} \rightarrow MAR$

② $R2 \rightarrow MDR \rightarrow M$

控制信号序列如下。

① IR_{out},MAR_{in},MAR_{out}

② $R2_{out}$,MDR_{in},MDR_{out},WM

[例 6-3]　当前指令为 MOV R1,[R2],写出该指令执行周期操作序列和控制信号序列。

解:指令的源操作数采用寄存器间接寻址方式。指令的功能是将 R2 的值作为内存单元地址,然后访问这个内存单元,将该内存单元的数据传送到 R1 寄存器。所以先要将 R2 的值装入存储器地址寄存器 MAR,从内存读取数据,再将数据装入存储器数据寄存器 MDR,再发送到 R1。

操作序列如下:

① $R2 \rightarrow MAR \rightarrow M \rightarrow MDR$

② $MDR \rightarrow R1$

控制信号序列如下:

① $R2_{out}$,MAR_{in},MAR_{out},RM,MDR_{in}

② MDR_{out},$R1_{in}$

(4) 非访存运算类指令执行周期

非访存运算类指令的运算操作数从寄存器中取得,然后两个操作数要置于 ALU 的输入端暂存器,接着控制算术逻辑单元 ALU 完成某种运算,将运算结果存放到 ALU 输出端的暂存器中,之后再传送到目的地址。这类指令的执行周期可能需要多个机器周期。

[例 6-4]　当前指令为 ADD R1,R2,写出该指令执行周期操作序列和控制信号序列。

解:指令的功能是将 R1 和 R2 的数做加法运算,结果送到 R1 中。其操作序列如下。

① $R1 \rightarrow Y$

② $R2 \rightarrow ALU$,$Y \rightarrow ALU$,$ALU \rightarrow Z$

③ $Z \rightarrow R1$

控制信号序列如下:

① $R1_{out}$,Y_{in}

② $R2_{out}$,Y_{out},$+$,Z_{in}

③ Z_{out},$R1_{in}$

(5) 访存运算类指令执行周期

访存运算类指令中,需要根据指令的寻址方式得到运算操作数的有效地址,再根据有效地址访问存储器,得到操作数。然后两个操作数要置于 ALU 的输入端暂存器,接着控制算术逻辑单元 ALU 完成某种运算,将运算结果存放到 ALU 输出端的暂存器中,之后再传送到目的地址。这类指令的执行周期最长,因为需要访问内存以及在运算器中运算。

[例 6-5] 当前指令为 ADD R1,[R2],写出该指令执行周期操作序列和控制信号序列。

解:指令中一个加数在 R1 中,一个加数需要通过 R2 寄存器间接寻址从内存读取。两个操作数加的结果传送到 R1 寄存器,其操作序列如下。

① R2→MAR→M→MDR

② MDR→Y

③ R1→ALU,Y→ALU,ALU→Z

④ Z→R1

控制信号序列如下:

① $R2_{out}$,MAR_{in},MAR_{out},RM,MDR_{in}

② MDR_{out},Y_{in}

③ $R1_{out}$,Y_{out},+,Z_{in}

④ Z_{out},$R1_{in}$

(6)控制指令执行周期

转移指令是最常见的程序控制指令。转移指令分为条件转移指令、无条件转移指令。程序转移不再顺序取下一条指令,而是转到程序另外的指令去执行。所以转移指令的核心就是获得新的指令地址传送到程序计数器 PC。无条件转移指令是在指令中提供下一条指令的地址。条件转移指令则还提供一个需要判断的条件,根据条件标志位确定下一条指令的地址。

[例 6-6] 当前指令为采用相对寻址的无条件转移指令 JMP +5,写出该指令执行周期操作序列和控制信号序列。

解:指令采用相对寻址,也就是说下一条指令的地址由当前程序计数器 PC 的值,加上指令中的相对量求得,再传送到 PC 中,其操作序列如下。

① PC→Y

② $IR_{(地址段)}$→ALU,Y→ALU,ALU→Z

③ Z→PC

控制信号序列如下:

① PC_{out},Y_{in}

② IR_{out},Y_{out},+,Z_{in}

③ Z_{out},PC_{in}

可以看出,每条指令的执行都是按周期产生各种控制信号,这些控制信号作用到相应的模块,产生相应的动作,完成指令功能。指令的机器周期划分要根据指令的功能,结合数据总线进行安排。安排操作序列时要注意以下几点。

① 有的操作信号之间有严格的时序关系,有的没有。对于有时序关系的信号,不能破坏其前后相邻的时序关系。

② 对不同控制对象的不同操作,如果在一个节拍内能够执行,应尽可能安排在同一个节拍内。这样可以节省时间。

③ 总线上数据不能有冲突,要严格控制送到总线的数据的时序。

6.3　控制器的设计

控制器是计算机的核心部件,能够产生一系列的控制信号,控制其他单元部件工作,完成指令的功能。根据控制信号产生的方式不同,控制器可分为组合逻辑控制器、阵列逻辑控制器和微程序控制器。

6.3.1　组合逻辑控制器

组合逻辑控制器的基本原理是依据指令代码、时序信号和各种状态信息,采用组合逻辑门电路产生控制信号。控制信号是时钟信号和指令信号的逻辑组合。这种控制器完全是门电路和触发器构成的复杂组合电路,靠硬件实现指令功能。

组合逻辑控制器设计时,一般根据指令执行周期流程,编制指令的操作时间表和控制信号表,然后进行逻辑组合,设计出各个控制信号的逻辑线路,连接成一个逻辑网络。组合逻辑控制器的结构如图 6-2 所示。

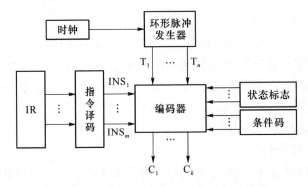

图 6-2　组合逻辑控制器的结构

时钟和环形脉冲发生器,用于产生时序节拍信号 T_i,每一步只有一条信号线有效。指令寄存器 IR 的指令送入指令译码部件,进行译码,生成表示不同指令的信号 INS_i,每一条表示一种指令。在简单计算机中,任一时刻只执行一条指令,所以在该时刻,译码器输出的信号也只有一条有效。编码器由大量的门电路构成,输出的控制信号是输入的节拍信号 T_i、指令信号 INS_i 的逻辑函数。编码器输出端即计算机中的各种控制信号 C_i。

组合逻辑控制器的设计步骤如下。

(1) 根据每条指令的功能,确定每条指令的执行步骤。

(2) 列出指令各个机器周期所需要的控制信号。

(3) 写出每个控制信号的逻辑表达式。

(4) 根据逻辑表达式画出逻辑电路。

[例 6-7]　图 6-1 所示结构计算机,若只有 ADD R1,R2 和 MOV R1,R2 两条指令。写出该机控制信号的逻辑表达式。

解:(1) 根据指令的功能,写出每个机器周期所需的控制信号。

ADD R1,R2 指令每个机器周期的控制信号步骤为:

T_1:PC_{out},MAR_{in},MAR_{out},RM,MDR_{in}

$T_2 : MDR_{out}, IR_{in}, PC_{+1}$

$T_3 : R1_{out}, Y_{in}$

$T_4 : R2_{out}, Y_{out}, +, Z_{in}$

$T_5 : Z_{out}, R1_{in}$

MOV R1,R2 指令每个机器周期的控制信号步骤为：

$T_1 : PC_{out}, MAR_{in}, MAR_{out}, RM, MDR_{in}$

$T_2 : MDR_{out}, IR_{in}, PC_{+1}$

$T_3 : R2_{out}, R1_{in}$

(2) 根据指令流程和时序,写出每个控制信号的逻辑表达式。

设指令 ADD R1,R2 经指令译码后,在 INS_1 上产生有效信号。设 MOV R2,R1 指令经指令译码后,在 INS_2 上产生有效信号。下面画出编码器输入和输出的真值表,如表 6-1 所示。

表 6-1　编码器输入和输出的真值表

输入信号							输出信号															
INS1	INS2	T1	T2	T3	T4	T5	PCout	MARin	MARout	RM	MDRin	PC+1	MDRout	IRin	R1out	Yin	R2out	Yout	+	Zin	Zout	R1in
1		1					1	1	1	1	1											
1			1									1	1	1								
1				1											1	1						
1					1												1	1	1	1		
1						1															1	1
	1	1					1	1	1	1	1											
	1		1									1	1	1								
	1			1													1					1

根据真值表,可以写出各控制信号的逻辑表达式。如

$PC_{out} = INS_1 \cdot T_1 + INS_2 \cdot T_1$

$R2_{out} = INS_1 \cdot T_4 + INS_2 \cdot T_3$

$R1_{in} = INS_1 \cdot T_5 + INS_2 \cdot T_3$

……

(3) 对逻辑表达式进行化简和优化后,可以设计出相应的逻辑电路。

如 PC_{out} 信号和 $R2_{out}$ 的逻辑电路图如图 6-3 所示。

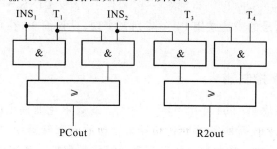

图 6-3　PC_{out} 和 $R2_{out}$ 信号的逻辑电路图

由上面的例子可以看出,组合逻辑控制器设计电路复杂,因为要将所有指令的操作步骤中信号和时序排列出来,必须将所有控制信号的逻辑表达式写出来。这在指令数量多、寻址方式复杂的计算机中,由基本门电路和连线构成的逻辑电路非常复杂。而且,一旦电路设定后,如果需要修改操作过程或扩充指令系统,就需要重新设计和布线。

6.3.2　PLA 控制

现代计算机通常基于超大规模集成电路 VLSI 技术实现。可以采用可编程逻辑阵列(PLA)电路实现控制器设计。一个 PLA 电路是由一个"与"门阵列和一个"或"门阵列构成。"与"阵列输入指令译码、时序和标志,"与"阵列的输出为"或"阵列的输入,而"或"阵列的输出为各种控制信号。图 6-3 所示的组合逻辑控制器可以由一个简单的 PLA 来实现,如图 6-4所示。

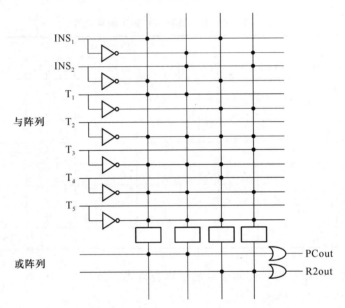

图 6-4　PCout 和 R2out 信号的 PLA 阵列

其中与阵列中,水平线为输入线,垂直线为输出乘积项。或阵列中,垂直线为"或"输入端,水平线为"或"输出端。这样得到输出端信号关系式为:

$$PC_{out} = INS_1 \cdot \overline{INS_2} \cdot T_1 \cdot \overline{T_2} \cdot \overline{T_3} \cdot \overline{T_4} \cdot \overline{T_5} + \overline{INS_1} \cdot INS_2 \cdot T_1 \cdot \overline{T_2} \cdot \overline{T_3} \cdot \overline{T_4} \cdot \overline{T_5}$$

$$R2_{out} = INS_1 \cdot \overline{INS_2} \cdot \overline{T_1} \cdot \overline{T_2} \cdot \overline{T_3} \cdot T_4 \cdot \overline{T_5} + \overline{INS_1} \cdot INS_2 \cdot \overline{T_1} \cdot \overline{T_2} \cdot T_3 \cdot \overline{T_4} \cdot \overline{T_5}$$

任何操作控制信号的表达式用 PLA 阵列来实现,设计简单,在现代计算机中得到了广泛应用。

6.3.3　微程序控制器

微程序控制的概念是 1951 年由英国剑桥大学的威尔克斯提出的。微程序控制器的基本思想,是把指令每步执行所需的控制信号组合存放到存储器中,执行到该指令的某一步时,从存储器取出对应步的控制信号传送到需要操作的部件。微程序的设计思想,避免了复杂的电路设计,并且便于修改。

1. 微程序控制的基本概念

计算机中各部件的控制信号,称为微命令。微命令完成的操作称为微操作。将指令执行时可以同时执行的一组微操作组成一条微指令。完成一条指令的多个微指令序列称为微程序。微程序控制设计的基础,就是将计算机指令系统中所有指令对应的微程序存放在一个专门的存储器中,这个存储器称为微程序存储器或控制存储器。在执行指令时,只要从微程序存储器中顺序取出该指令对应的微程序,就可以按事先存好的次序产生相应的操作控制信号。微指令在控制存储器中的地址,称为微地址。

2. 微程序控制器的构成

微程序控制器主要由控制存储器 CS、微指令寄存器 uIR、微程序计数器 uPC 以及起始和转移地址发生器等部分组成,如图 6-5 所示。

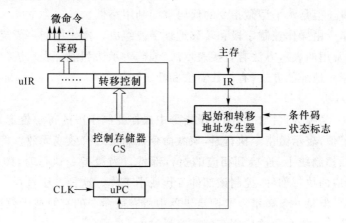

图 6-5 微程序控制器的构成

控制存储器 CS 存放全部指令系统的所有微程序。指令执行时,就是从控制存储器中不断取出微指令,产生控制其他部件的控制信号。控制存储器的容量,取决于指令的数量和每条指令的微程序长度。

微指令寄存器 uIR 存放由控制存储器中读出的一条微指令信息。一条微指令的编码包括操作控制部分和微地址形成部分。操作控制部分就是该微指令所需的全部控制信号的编码,经过译码后,产生控制信号。微地址形成部分用来决定下一条微指令的地址。

微程序计数器 uPC 存放要访问的下一条微指令的微地址。如果微程序不出现分支,即微指令顺序执行,则 uPC 的微地址可以采用自动增量的方式,如程序计数器 PC 那样。如果微程序出现分支,则根据执行中的状态信息,修改 uPC 中的值,得到下一条微指令的地址。

起始和转移地址发生器,就是根据指令代码、条件码以及相应的转移控制微命令,来形成微程序的入口地址或者转移地址。

3. 微程序控制器的工作流程

微程序控制器执行取指令微程序,将指令从主存取出存入指令寄存器 IR。根据指令寄存器 IR 中的指令操作码,产生该指令的微程序入口地址送给微程序计数器 uPC。根据 uPC 中的微地址访问控制存储器 CS,取出一条微指令送入微指令寄存器 uIR。由 uIR 中的操作控制字段,经过译码产生所需的微命令信号,送往各执行部件,指挥执行部件完成相应的操作。由 uIR 的转移控制字段,结合条件码、状态标志等信息,形成下一条微指令地址送往

uPC。重复执行取微指令、执行微指令的过程,完成该指令的功能。一条指令的微程序执行结束,重新执行取指令微程序,得到新的机器指令送入 IR。如此周而复始,直到整个程序的指令执行完毕。

4. 微指令设计

微程序设计的关键问题之一是微指令的设计。微指令采用什么样的操作控制字段编码和微地址形成方式,将直接影响微程序控制器的结构、控制存储器的容量和指令的执行速度。微指令有水平型和垂直型两种。

(1) 水平型微指令

水平型微指令能最大限度表示微操作的并行性。一条微指令能执行多个并行微命令。水平型微指令的代码较长,能充分利用硬件并行性,并带来速度优势,并且微程序中包含的微指令条数较少。但是水平型微指令的代码空间利用率低。

水平型微指令由操作控制字段和转移地址字段组成。操作控制字段定义微指令要产生的微命令信息,常用的表示方法有直接表示法、编码表示法和混合表示法。转移地址字段是形成下一条微指令地址的方式,有计数器法和断定法。

① 直接表示法

直接表示法,又称为直接控制法。微指令中操作控制字段的每一位定义为一个微命令,该位的"1"或"0"值,表示微指令执行时,该微命令控制信号有效或无效。将微指令的每一位直接输出到一条控制线上,连接到相应的执行部件。当微指令执行时,微指令中的每一位值,就传递到相应的执行部件,控制该部件工作或不工作。这种方法直观,不必译码,控制电路简单、速度快。但是一条微指令要记录机器中所有微命令的有效或无效情况,微指令长度可能长达几百位。这样会导致控制存储器容量过大。

[例 6-8] 图 6-1 所示计算机中所有控制信号共 22 个,有:PC_{out}、PC_{+1}、PC_{in}、IR_{in}、IR_{out}、MAR_{in}、MAR_{out}、MDR_{in}、MDR_{out}、$R1_{in}$、$R1_{out}$、$R2_{in}$、$R2_{out}$、Y_{in}、Y_{out}、Z_{in}、Z_{out}、$+$、$-$、$1 \rightarrow C_0$、RM、WM。为该计算机设计微指令的操作控制字段,写出 ADD R1,R2 指令的微程序。

解:设计微指令格式,每位控制信号作为控制字的 1 位,所以,操作控制字段一共 22 位,每位代表的信号按题中信号顺序编码。控制信号 1 表示有效,0 表示无效。

ADD R1,R2 指令的微程序如表 6-2 所示。

表 6-2 ADD R1,R2 指令的微程序

微周期	PCout	PC+1	PCin	IRin	IRout	MARin	MARout	MDRin	MDRout	R1in	R1out	R2in	R2out	Yin	Yout	Zin	Zout	+	-	1→C0	RM	WM
T_1	1	0	0	0	0	1	1	1	0	0	0	0	0	0	0	0	0	0	0	0	1	0
T_2	0	1	0	1	0	0	0	0	1	0	0	0	0	0	0	0	0	0	0	0	0	0
T_3	0	0	0	0	0	0	0	0	0	0	1	0	0	1	0	0	0	0	0	0	0	0
T_4	0	0	0	0	0	0	0	0	0	0	0	0	1	0	0	1	0	1	0	0	0	0
T_5	0	0	0	0	0	0	0	0	0	1	0	0	0	0	0	0	1	0	0	0	0	0

该微程序有 5 条微指令,分别记录每个机器周期要发出的控制信号。本例的微程序在控制存储器中共占 5×22 位,其中大多数为 0,编码效率较低。

② 字段编码法

在微指令运行时,大多数控制信号不会同时有效。同一时间有效的信号称为相容信号,具有相容性。不能同一时间有效的信号称为互斥信号,具有互斥性。

将相斥信号组合在一个字段,相容信号分配在不同字段,然后对每个字段编码,一个微命令分配一个编码。微指令中只记录该字段有效的微命令的编码,再通过译码器将该编码译码为控制信号。这种方法可以把微指令长度压缩到直接表示法的三分之一到二分之一,而只需要增加为数不多的译码器,对微指令的执行速度影响不大,所以为多数微程序控制的计算机所采用。

字段编码法又有字段直接编码法和字段间接编码法。字段直接编码法每个字段经译码器直接译码得到所需的微命令。字段间接编码法在字段直接编码法的基础上,一个字段的某些编码和另一个字段的某些编码联合产生若干微命令。字段间接编码法控制复杂且不直观,所以仅在局部范围内使用。

[例 6-9] 计算机中有 7 个互斥控制信号 a、b、c、d、e、f、g,分别采用直接表示法和字段编码法设计该机微指令操作控制字段。

解:(1)采用直接表示法,每位控制信号作为控制字的 1 位,所以,操作控制字段一共 7 位,每位代表的信号按题中信号顺序编码。控制信号 1 表示有效,0 表示无效。微指令的每一位直接输出到一条控制线上,连接到相应的执行部件。控制信号连接如图 6-6 所示。

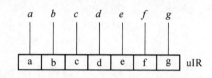

图 6-6 直接表示法编码及控制线连接

(2)采用字段编码法,这 7 个信号是互斥的,所以可以分在一个组。给每个信号一个编码,只需要 3 位即可。编码时要考虑一个组中的信号都无效的情况 nop,也要分配一个编码。微指令寄存器的三位输出,连接一个 3-8 译码器,可以将 3 位编码译码为对应输出端的控制信号。如图 6-7 所示。这样,微指令长度只需要 3 位。

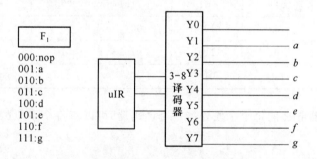

图 6-7 字段编码法编码及译码器连接

[例 6-10] 图 6-1 所示计算机中所有控制信号共 22 个,有:PC_{out}、PC_{+1}、PC_{in}、IR_{in}、IR_{out}、MAR_{in}、MAR_{out}、MDR_{in}、MDR_{out}、$R1_{in}$、$R1_{out}$、$R2_{in}$、$R2_{out}$、Y_{in}、Y_{out}、Z_{in}、Z_{out}、$+$、$-$、$1{\rightarrow}C0$、RM、WM。为该计算机设计微指令的操作控制字段,写出 ADD R1,R2 指令的微程序。

解:分析该机器的 22 个控制信号,将相斥的信号进行分组(分组方式有多种,原则是同组信号要互斥,微指令长度尽可能短)。

F1:IR_{out}、PC_{out}、MDR_{out}、$R1_{out}$、$R2_{out}$、Z_{out}

F2:IR_{in}、MDR_{in}、$R1_{in}$、$R2_{in}$、Y_{in}、Z_{in}、PC_{in}

F3:Y_{out}、MAR_{out}、PC_{+1}

F4：＋、－、$1 \rightarrow C_0$

F5：RM、WM

F6：MARin

对每个组的信号进行编码。要考虑到一个组的全部信号都无效时的情况 nop，要分配一个编码。编码如图 6-8 所示。

F_1	F_2	F_3	F_4	F_5	F_6
000：nop	000：nop	00：nop	00：nop	00：nop	0：nop
001：IRout	001：IRin	01：Yout	01：＋	01：RM	1：MARin
010：PCout	010：MDRin	10：MARout	10：－	10：WM	
011：MDRout	011：R1in	11：PC+1	11：$1 \rightarrow C_0$		
100：R1out	100：R2in				
101：R2out	101：Yin				
110：Zout	110：Zin				
	111：PCin				

图 6-8　操作控制字段分组编码

可见，采用字段编码后，微指令长度为 13 位，比原来直接表示法短了很多。将 ADD R1，R2 指令的执行的每一个机器周期用微指令表示记录下来。微程序如表 6-3 所示。

表 6-3　字段编码法微程序

微周期	F_1	F_2	F_3	F_4	F_5	F_6
T_1	010	010	10	00	01	1
T_2	011	001	11	00	00	0
T_3	100	101	00	00	00	0
T_4	101	110	01	01	00	0
T_5	110	011	00	00	00	0

微指令寄存器 uIR 的每个字段外接一个译码器，可以将每个字段的编码译码为对应的控制信号。

③ 混合表示法

混合表示法是将直接表示法和编码表示法两种结合起来。对并行性高的微命令采用直接表示，其余用编码表示。混合表示法较为实用。

（2）垂直型微指令

垂直型微指令采用短格式，一条微指令只能实现一、二个微操作。垂直型微指令中控制字段由微指令操作码和微操作对象构成。微指令操作码用来指示做何种微操作，微操作对象用来提供微操作所需要的操作数（常量或地址）。每条垂直型微指令只能完成少量微操作控制，并行能力差，致使微程序变长，执行速度减慢。

5. 微地址形成

一条微指令执行完后，要确定下一条要执行的微指令的地址。产生后继微指令地址的方法有计数器方式（增量方式）、断定方式（下址字段方式）和联合方式。

① 计数器方式(增量方式)

将微程序中的各条微指令按执行顺序安排在控制存储器中,用微程序计数器 uPC 由现行微地址加上一个增量得到下一条微指令地址。在微程序需要按非顺序方式执行时,通过转移微指令来指定 uPC 中的新微指令地址。

计数器方式的实现方法比较直观,微指令的转移地址字段比较短,微地址生成机构比较简单。缺点是执行速度慢。当转移分支很多时,相应的逻辑电路也更复杂,此时可以采用 PLA 可编程逻辑阵列来实现。

② 断定方式(下址字段方式)

在微指令中设置一个专门的地址字段,用以指出下一条微指令的地址。这样不需要专门的转移微指令。下址字段中包括条件选择信息。根据条件测试信息,修改下一条微指令地址的若干位,得到新的微指令地址。断定方式的微指令比计数器方式的微指令长,增大了控制存储器的容量。

③ 联合方式

将微指令的地址形成部分分为转移控制部分和转移地址字段。判断转移控制部分的情况,当需要微程序转移时,将转移地址送 uPC,否则顺序执行下一条微指令(uPC+1)。

[例 6-11] 设计算机中有 8 条微指令 A、B、C、D、E、F、G、H。这些微指令执行的流程如图 6-9 所示。图中,微指令 A 执行完毕后,根据指令寄存器 IR 中的 $IR_1 IR_0$ 两位的组合,有 4 个分支。当 $IR_1 IR_0 = 00$,执行微指令 B。当 $IR_1 IR_0 = 01$,执行微指令 C。当 $IR_1 IR_0 = 10$,执行微指令 D。当 $IR_1 IR_0 = 11$,根据状态 sf 值,要么执行微指令 E 或者转微指令 A。微指令 B 执行后执行微指令 F。微指令 C 执行后执行微指令 F。微指令 F 执行后,根据 $IR_3 IR_2$ 两位的值进行分支。如果 $IR_3 IR_2 = 00$,之后执行微指令 G。若如果 $IR_3 IR_2 = 01$,之后执行微指令 H。微指令 G 和 H 执行后,都转向微指令 A。分别采用计数器方式、断定方式和联合方式,设计微程序。

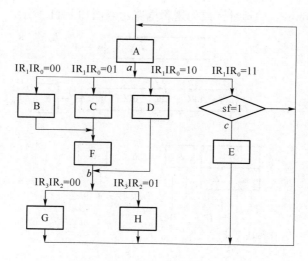

图 6-9 微程序流程图

解:(1) 采用计数器方式设计

采用计数器方式设计,微指令的格式有 2 种,1 种是普通微命令微指令,其后继微地址由 uPC＋1 得到；1 种是转移微指令，由转移微指令实现转移地址。8 条微指令，每条微指令之后需要转移微指令，所以，微指令的微地址至少要 5 位，定义为 $A_4 \sim A_0$。为区分 2 种微指令，在微指令中设计 1 位 T。当 T＝0 时，表示是普通微命令微指令；T＝1 时，表示是转移微指令。

设计微指令格式如图 6-10 所示。

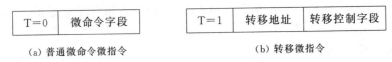

（a）普通微命令微指令   （b）转移微指令

图 6-10　计数器方式微指令格式

有 a、b、c 共 3 个转移点，加上无条件转移，所以转移控制字段需要 2 位，定义为 $P_1 P_0$。

① $P_1 P_0 = 00 (P=0)$，是无条件转移，转移地址送 uPC。

② $P_1 P_0 = 01 (P=1)$，分支点 a，由 $IR_1 IR_0$ 控制修改 $uPC_4 uPC_3$ 两位。

③ $P_1 P_0 = 10 (P=2)$，分支点 b，由 $IR_3 IR_2 = 00$ 控制修改 uPC_0，$IR_3 IR_2 = 01$ 控制修改 uPC_4。

④ $P_1 P_0 = 11 (P=3)$，分支点 c，若 sf＝0，转向微指令 A 单元，否则 $uPC+1 \rightarrow uPC$。

已知 IR 中的 $IR_3 IR_2 IR_1 IR_0$，uIR 中的转移地址 $A_4 \sim A_0$，$P_1 P_0$。这样可以得到 uPC 中地址的形成逻辑：

$$uPC = (A_4 A_3 A_2 A_1 A_0) \cdot (P=0)$$

$$uPC_4 = (IR_3 IR_2 = 01) \cdot (P=2) + (IR_1) \cdot (P=1)$$

$$uPC_3 = IR_0 \cdot (P=1)$$

$$uPC_0 = (IR_3 IR_2 = 00) \cdot (P=2)$$

这样，可以得到 uPC 中地址形成的逻辑电路示意图如 6-11 所示。

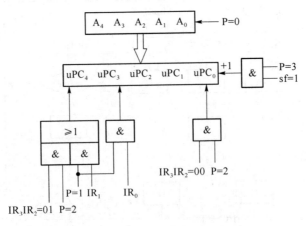

图 6-11　计数器方式 uPC 中地址形成的逻辑电路示意图

综上所述，计数器方式下的控制存储器中，微程序及微地址设计如表 6-4 所示。

表 6-4 计数器方式微程序及微地址设计

微地址	微指令格式			注释
00000	T=0	微命令控制字段		微指令 A
00001	T=1	$A_4 A_3 A_2 A_1 A_0 =00010$	$P_1 P_0 =01$	转移指令:a 分支
00010	T=0	微命令控制字段		微指令 B
00011	T=1	$A_4 A_3 A_2 A_1 A_0 =01011$	$P_1 P_0 =00$	转移指令:B→F
		......		
00101	T=0	微命令控制字段		微指令 G
00110	T=1	$A_4 A_3 A_2 A_1 A_0 =00000$	$P_1 P_0 =00$	转移指令:G→A
		......		
01010	T=0	微命令控制字段		微指令 C
01011	T=0	微命令控制字段		微指令 F
01100	T=1	$A_4 A_3 A_2 A_1 A_0 =00100$	$P_1 P_0 =10$	转移指令:b 分支
		......		
10010	T=0	微命令控制字段		微指令 D
10011	T=1	$A_4 A_3 A_2 A_1 A_0 =01100$	$P_1 P_0 =00$	转移指令:D→b
10100	T=0	微命令控制字段		微指令 H
10101	T=1	$A_4 A_3 A_2 A_1 A_0 =00000$	$P_1 P_0 =00$	转移指令:H→A
		......		
11010	T=1	$A_4 A_3 A_2 A_1 A_0 =00000$	$P_1 P_0 =11$	转移指令:c 分支
11011	T=0	微命令控制字段		微指令 E
11100	T=1	$A_4 A_3 A_2 A_1 A_0 =00000$	$P_1 P_0 =00$	转移指令:E→A

微程序执行过程描述如下:

启动运行 A:uPC 初始值为 00000,执行 00000 单元的微指令 A,因为 T=0,所以直接送出微命令控制字段的微指令。之后 uPC+1=00001。

a 分支:uPC=00001,则执行 00001 单元的微指令,因为 T=1,所以这是一条转移微指令。先将转移地址 $A_4 A_3 A_2 A_1 A_0 =00010$ 送到 uPC,再因为 $P_1 P_0 =01$,则把 $IR_1 IR_0$ 的值送到 uPC 的 $uPC_4 uPC_3$ 两位。若 $IR_1 IR_0 =00$,则最高 2 位被修改,uPC=00010。若 $IR_1 IR_0 =01$,则最高 2 位被修改,uPC=01010。若 $IR_1 IR_0 =10$,则最高 2 位被修改,uPC=10010。若 $IR_1 IR_0 =11$,则最高 2 位被修改,uPC=11010。

a→B 流程:uPC=00010,则执行 00010 单元的微指令 B,因为 T=0,所以直接送出微命令控制字段的微指令。之后 uPC+1=00011。

B→F 流程:uPC=00011,则执行 00011 单元的微指令,因为 T=1,所以这是一条转移微指令。先将转移地址 $A_4 A_3 A_2 A_1 A_0 =01011$ 送到 uPC,再因为 $P_1 P_0 =00$,uPC 的值就是转移地址 01011。

F→b 流程:uPC=01011,则执行 01011 单元的微指令 F,因为 T=0,所以直接送出微命令控制字段的微命令。之后 uPC+1=01100。

b 分支:uPC=01100,则执行 01100 单元的微指令,因为 T=1,所以这是一条转移微指令。先将转移地址 $A_4A_3A_2A_1A_0=00100$ 送到 uPC,再因为 $P_1P_0=10$,则要根据 IR_3IR_2 的值修改 uPC_4 或者 uPC_0。若 $IR_3IR_2=00$,则 uPC_0 置 1,uPC=00101。若 $IR_3IR_2=01$,则 uPC_4 置 1,uPC=10100。

b→G 流程:uPC=00101,则执行 00101 单元的微指令 G,因为 T=0,所以直接送出微命令控制字段的微命令。之后 uPC+1=00110。

G→A 流程:uPC=00110,则执行 00110 单元的微指令,因为 T=1,所以这是一条转移微指令。先将转移地址 $A_4A_3A_2A_1A_0=00000$ 送到 uPC,再因为 $P_1P_0=00$,uPC 的值就是转移地址 00000。

b→H 流程:uPC=10100,则执行 10100 单元的微指令 H,因为 T=0,所以直接送出微命令控制字段的微命令。之后 uPC+1=10101。

H→A 流程:uPC=10101,则执行 10101 单元的微指令,因为 T=1,所以这是一条转移微指令。先将转移地址 $A_4A_3A_2A_1A_0=00000$ 送到 uPC,再因为 $P_1P_0=00$,uPC 的值就是转移地址 00000。

a→C 流程:uPC=01010,则执行 01010 单元的微指令 C,因为 T=0,所以直接送出微命令控制字段的微命令。之后 uPC+1=01011。

C→F 流程:uPC=01011,则执行 01011 单元的微指令 F,因为 T=0,所以直接送出微命令控制字段的微命令。之后 uPC+1=01100。

a→D 流程:uPC=10010,则执行 10010 单元的微指令 D,因为 T=0,所以直接送出微命令控制字段的微命令。之后 uPC+1=10011。

D→b 流程:uPC=10011,则执行 10011 单元的微指令,因为 T=1,所以这是一条转移微指令。先将转移地址 $A_4A_3A_2A_1A_0=01100$ 送到 uPC,再因为 $P_1P_0=00$,uPC 的值就是转移地址 01100。

a→c 流程:uPC=11010,则执行 11010 单元的微指令,因为 T=1,所以这是一条转移微指令。先将转移地址 $A_4A_3A_2A_1A_0=00000$ 送到 uPC,再因为 $P_1P_0=11$,要结合 sf 的值,修改 uPC 的值。若 sf=1,uPC=uPC+1=11011。若 sf=0,uPC 的值就是转移地址 00000。

c→E 流程:uPC=11011,则执行 11011 单元的微指令 E,因为 T=0,所以直接送出微命令控制字段的微命令。之后 uPC+1=11100。

E→A 流程:uPC=11100,则执行 11100 单元的微指令,因为 T=1,所以这是一条转移微指令。先将转移地址 $A_4A_3A_2A_1A_0=00000$ 送到 uPC,再因为 $P_1P_0=00$,uPC 的值就是转移地址 00000。

c→A 流程:uPC=00000,则执行 00000 单元的微指令 A。

(2) 采用断定方式设计

采用断定方式设计,需要在微指令中设置一个下址字段,用于指明下一条要执行的微指令的地址。uPC 不具有自动加 1 功能。共 8 条微指令,在 a、b、c 处需要判断微指令,所以微地址为 4 位,2 位判断位,定义为 P_1P_0。

微指令格式如图 6-12 所示。

微命令字段	下址字段 $A_3 A_2 A_1 A_0$	判断字段 $P_1 P_0$

图 6-12 断定方式微指令格式

① $P_1 P_0 = 00(P=0)$，顺序执行，转移地址送 uPC。

② $P_1 P_0 = 01(P=1)$，分支点 a，由 $IR_1 IR_0$ 控制修改 $uPC_3 uPC_2$ 两位。

③ $P_1 P_0 = 10(P=2)$，分支点 b，由 $IR_3 IR_2 = 00$ 控制修改 uPC_1，$IR_3 IR_2 = 01$ 控制修改 uPC_3。

④ $P_1 P_0 = 11(P=3)$，分支点 c，用 sf 的值修改 uPC_2。

已知 IR 中的 $IR_3 IR_2 IR_1 IR_0$，uIR 中的转移地址 $A_3 \sim A_0$，$P_1 P_0$。这样可以得到 uPC 中地址的形成逻辑：

$uPC = (A_3 A_2 A_1 A_0) \cdot (P=0)$

$uPC_3 = (IR_3 IR_2 = 01) \cdot (P=2) + (IR_1) \cdot (P=1)$

$uPC_2 = IR_0 \cdot (P=1) + sf \cdot (P=3)$

$uPC_1 = (IR_3 IR_2 = 00) \cdot (P=2)$

这样，可以得到 uPC 中地址形成的逻辑电路示意图如图 6-13 所示。

综上所述，断定方式下的控制存储器中，微程序及微地址设计如表 6-5 所示。

微程序执行过程描述如下：

启动运行 A：uPC 初始值为 0000，执行 0000 单元的微指令 A，直接送出微命令字段的微命令。将转移地址 $A_3 A_2 A_1 A_0 = 0010$ 送到 uPC，再因为 $P_1 P_0 = 01$，则把 $IR_1 IR_0$ 的值送到 uPC 的 $uPC_3 uPC_2$ 两位。若 $IR_1 IR_0 = 00$，则最高 2 位被修改，uPC = 0010。若 $IR_1 IR_0 = 01$，则最高 2 位被修改，uPC = 0110。若 $IR_1 IR_0 = 10$，则最高 2 位被修改，uPC = 1010。若 $IR_1 IR_0 = 11$，则最高 2 位被修改，uPC = 1110。

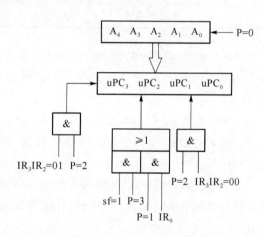

图 6-13 断定方式 uPC 中地址形成的逻辑电路示意图

a→B 流程：uPC = 0010，则执行 0010 单元的微指令 B，直接送出微命令控制字段的微命令。将转移地址 $A_3 A_2 A_1 A_0 = 0111$ 送到 uPC，再因为 $P_1 P_0 = 00$，uPC 的值就是转移地址 0111。

B→F 流程：uPC = 0111，则执行 0111 单元的微指令 F，直接送出微命令控制字段的微命令。将转移地址 $A_3 A_2 A_1 A_0 = 1000$ 送到 uPC，再因为 $P_1 P_0 = 00$，uPC 的值就是转移地址 1000。

F→b 流程：uPC = 1000，则执行 1000 单元的微指令，因为 $P_1 P_0 = 10$，所以这是一条判断微指令。将转移地址 $A_3 A_2 A_1 A_0 = 0001$ 送到 uPC，因为 $P_1 P_0 = 10$，则要根据 $IR_3 IR_2$ 的值修

改 uPC_3 或者 uPC_1。若 $IR_3IR_2=00$，则 uPC_1 置 1，$uPC=0011$。若 $IR_3IR_2=01$，则 uPC_3 置 1，$uPC=1001$。

表 6-5　断定方式微程序及微地址设计

微地址	微指令格式			注释
0000	微命令字段	$A_3A_2A_1A_0=0010$	$P_1P_0=01$	微指令 A
		......		
0010	微命令字段	$A_3A_2A_1A_0=0111$	$P_1P_0=00$	微指令 B
0011	微命令字段	$A_3A_2A_1A_0=0000$	$P_1P_0=00$	微指令 G
0100	微命令字段	$A_3A_2A_1A_0=0000$	$P_1P_0=00$	微指令 E
		......		
0110	微命令字段	$A_3A_2A_1A_0=0111$	$P_1P_0=00$	微指令 C
0111	微命令字段	$A_3A_2A_1A_0=1000$	$P_1P_0=00$	微指令 F
1000		$A_3A_2A_1A_0=0001$	$P_1P_0=10$	分支 b
1001	微命令字段	$A_3A_2A_1A_0=0000$	$P_1P_0=00$	微指令 H
1010	微命令字段	$A_3A_2A_1A_0=1000$	$P_1P_0=00$	微指令 D
		......		
1110	微命令字段	$A_3A_2A_1A_0=0000$	$P_1P_0=11$	分支 c

G→A 流程：$uPC=0011$，则执行 0011 单元的微指令 G，直接送出微命令控制字段的微命令。将转移地址 $A_3A_2A_1A_0=0000$ 送到 uPC，再因为 $P_1P_0=00$，uPC 的值就是转移地址 0000。

H→A 流程：$uPC=1001$，则执行 1001 单元的微指令 H，直接送出微命令控制字段的微命令。将转移地址 $A_3A_2A_1A_0=0000$ 送到 uPC，再因为 $P_1P_0=00$，uPC 的值就是转移地址 0000。

a→C 流程：$uPC=0110$，则执行 0110 单元的微指令 C，直接送出微命令控制字段的微命令。将转移地址 $A_3A_2A_1A_0=0111$ 送到 uPC，再因为 $P_1P_0=00$，uPC 的值就是转移地址 0111。

C→F 流程：$uPC=0111$，则执行 0111 单元的微指令 F，直接送出微命令控制字段的微命令。将转移地址 $A_3A_2A_1A_0=1000$ 送到 uPC，再因为 $P_1P_0=00$，uPC 的值就是转移地址 1000。

a→D 流程：$uPC=1010$，则执行 1010 单元的微指令 D，直接送出微命令控制字段的微命令。将转移地址 $A_3A_2A_1A_0=1000$ 送到 uPC，再因为 $P_1P_0=00$，uPC 的值就是转移地址 1000。

a→c 流程：$uPC=1110$，则执行 1110 单元的微指令，因为 $P_1P_0=11$，所以这是一条判断微指令。将转移地址 $A_3A_2A_1A_0=0000$ 送到 uPC。因为 $P_1P_0=11$，要结合 sf 的值，修改 uPC_2 的值。若 $sf=1$，$uPC=0100$。若 $sf=0$，uPC 的值就是转移地址 0000。

E→A 流程：$uPC=0100$，则执行 0100 单元的微指令 E，直接送出微命令控制字段的微命令。将转移地址 $A_3 A_2 A_1 A_0 = 0000$ 送到 uPC，再因为 $P_1 P_0 = 00$，uPC 的值就是转移地址 0000。

（3）联合方式

联合方式的控制器中，需要具有自动增量功能的 uPC。微指令格式中包含转移控制字段和转移地址字段。由转移控制字段确定，是执行 uPC 自动增量获得下一条微地址，还是将转移地址字段传送到 uPC 作为后继微地址。

共 8 条微指令，考虑 a、b、c 分支判断微指令，需要 4 位微地址，即 $uPC_3 \sim uPC_0$。转移地址字段也 4 位，$A_3 \sim A_0$。考虑分支点、计数控制和无条件转移，转移控制字段需要 3 位，用 $P_2 P_1 P_0$ 表示。

微指令格式如图 6-14 所示。

① $P_2 P_1 P_0 = 000(P=0)$，顺序执行，$uPC+1 \rightarrow uPC$。

② $P_2 P_1 P_0 = 001(P=1)$，无条件转移，转移地址送 uPC。

③ $P_2 P_1 P_0 = 010(P=2)$，分支点 a，由 $IR_1 IR_0$ 控制修改 $uPC_3 uPC_2$ 两位。

④ $P_2 P_1 P_0 = 011(P=3)$，分支点 b，由 $IR_3 IR_2 = 00$ 控制修改 uPC_0，$IR_3 IR_2 = 01$ 控制修改 uPC_2。

⑤ $P_2 P_1 P_0 = 100(P=3)$，分支点 c，若 sf=0，根据转移地址转向微指令 A 单元，否则 $uPC+1 \rightarrow uPC$。

已知 IR 中的 $IR_3 IR_2 IR_1 IR_0$，uIR 中的转移地址 $A_3 \sim A_0$，$P_2 P_1 P_0$。这样可以得到 uPC 中地址的形成逻辑：

微命令字段	转移地址字段 $A_3 A_2 A_1 A_0$	判断字段 $P_2 P_1 P_0$

图 6-14 联合方式微指令格式

$$uPC = (uPC+1) \cdot (P=0)$$
$$uPC = (A_3 A_2 A_1 A_0) \cdot (P=1)$$
$$uPC_3 = (IR_1) \cdot (P=2)$$
$$uPC_2 = IR_0 \cdot (P=2) + (IR_3 IR_2 = 01) \cdot (P=3)$$
$$uPC_0 = (IR_3 IR_2 = 00) \cdot (P=3)$$

这样，可以得到 uPC 中地址形成的逻辑电路示意图如图 6-15 所示。

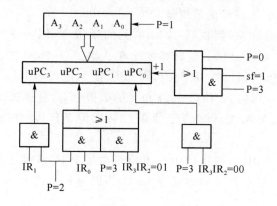

图 6-15 联合方式 uPC 中地址形成的逻辑电路示意图

综上所述，联合方式下的控制存储器中，微程序及微地址设计如表 6-6 所示。

表 6-6　联合方式微程序及微地址设计

微地址	微指令格式			注释
0000	微命令字段	$A_3 A_2 A_1 A_0 = 0010$	$P_2 P_1 P_0 = 010$	微指令 A
0001	微命令字段	$A_3 A_2 A_1 A_0 = 0000$	$P_2 P_1 P_0 = 001$	微指令 G
0010	微命令字段	$A_3 A_2 A_1 A_0 = 0111$	$P_2 P_1 P_0 = 001$	微指令 B
0100	微命令字段	$A_3 A_2 A_1 A_0 = 0000$	$P_2 P_1 P_0 = 001$	微指令 H
		......		
0110	微命令字段	$A_3 A_2 A_1 A_0 =$	$P_2 P_1 P_0 = 000$	微指令 C
0111	微命令字段	$A_3 A_2 A_1 A_0 =$	$P_2 P_1 P_0 = 000$	微指令 F
1000		$A_3 A_2 A_1 A_0 = 0000$	$P_2 P_1 P_0 = 011$	分支 b
		......		
1010	微命令字段	$A_3 A_2 A_1 A_0 = 1000$	$P_2 P_1 P_0 = 001$	微指令 D
		......		
1110		$A_3 A_2 A_1 A_0 = 0000$	$P_2 P_1 P_0 = 100$	分支 c
1111	微命令字段	$A_3 A_2 A_1 A_0 = 0000$	$P_2 P_1 P_0 = 001$	微指令 E

微程序执行过程描述如下：

启动运行 A：uPC 初始值为 0000，执行 0000 单元的微指令 A，直接送出微命令字段的微命令。将转移地址 $A_3 A_2 A_1 A_0 = 0010$ 送到 uPC，再因为 $P_2 P_1 P_0 = 010$，则把 $IR_1 IR_0$ 的值送到 uPC 的 $uPC_3 uPC_2$ 两位。若 $IR_1 IR_0 = 00$，则最高 2 位被修改，uPC=0010。若 $IR_1 IR_0 = 01$，则最高 2 位被修改，uPC=0110。若 $IR_1 IR_0 = 10$，则最高 2 位被修改，uPC=1010。若 $IR_1 IR_0 = 11$，则最高 2 位被修改，uPC=1110。

a→B 流程：uPC=0010，则执行 0010 单元的微指令 B，直接送出微命令控制字段的微命令。将转移地址 $A_3 A_2 A_1 A_0 = 0111$ 送到 uPC，再因为 $P_2 P_1 P_0 = 010$，uPC 的值就是转移地址 0111。

B→F 流程：uPC=0111，则执行 0111 单元的微指令 F，直接送出微命令控制字段的微命令。因为 $P_2 P_1 P_0 = 000$，uPC 的值就是 uPC+1=1000。

F→b 流程：uPC=1000，则执行 1000 单元的微指令，因为 $P_2 P_1 P_0 = 011$，则要根据 $IR_3 IR_2$ 的值修改 uPC_2 或者 uPC_0。将转移地址 $A_3 A_2 A_1 A_0 = 0000$ 送到 uPC，若 $IR_3 IR_2 = 00$，则 uPC_0 置 1，uPC=0001。若 $IR_3 IR_2 = 01$，则 uPC_2 置 1，uPC=0100。

G→A 流程：uPC=0001，则执行 0001 单元的微指令 G，直接送出微命令控制字段的微命令。将转移地址 $A_3 A_2 A_1 A_0 = 0000$ 送到 uPC，再因为 $P_2 P_1 P_0 = 001$，uPC 的值就是转移地址 0000。

H→A 流程：uPC=0100，则执行 0100 单元的微指令 H，直接送出微命令控制字段的微命令。将转移地址 $A_3 A_2 A_1 A_0 = 0000$ 送到 uPC，再因为 $P_2 P_1 P_0 = 001$，uPC 的值就是转移地址 0000。

a→C 流程：uPC=0110，则执行 0110 单元的微指令 C，直接送出微命令控制字段的微命令。因为 $P_2 P_1 P_0 = 000$，uPC 的值就是 uPC+1=0111。

C→F 流程：uPC=0111，则执行 0111 单元的微指令 F，直接送出微命令控制字段的微命令。因为 $P_2P_1P_0=000$，uPC 的值就是 uPC+1=1000。

a→D 流程：uPC=1010，则执行 1010 单元的微指令 D，直接送出微命令控制字段的微命令。将转移地址 $A_3A_2A_1A_0=1000$ 送到 uPC，再因为 $P_2P_1P_0=001$，uPC 的值就是转移地址 1000。

a→c 流程：uPC=1110，则执行 1110 单元的微指令，因为 $P_2P_1P_0=100$，要结合 sf 的值，修改 uPC 的值。将转移地址 $A_3A_2A_1A_0=0000$ 送到 uPC。若 sf=1，uPC=uPC+1=1111。若 sf=0，uPC 的值就是转移地址 0000。

E→A 流程：uPC=1111，则执行 1111 单元的微指令 E，直接送出微命令控制字段的微命令。将转移地址 $A_3A_2A_1A_0=0000$ 送到 uPC，再因为 $P_2P_1P_0=001$，uPC 的值就是转移地址 0000。

6.4　实　验　设　计

本节实验的目的是了解 PC 机中的程序执行过程，了解 AEDK 模型机的微程序控制器设计，了解 EL 实验平台程序执行。

6.4.1　PC 机中程序的执行

在 PC 机中，可以用 DEBUG 的 A 命令输入程序段，用 G 命令运行程序段，用 T/P 命令跟踪程序的执行。

先用 A 命令输入程序段，然后用 T 命令查看每条指令执行后的情况，如图 6-16 所示。

MOV AX,1234H

MOV BX,AX

MOV [0000],AX

```
-A
0AF9:0100 MOV AX,1234
0AF9:0103 MOV BX,AX
0AF9:0105 MOV [0000],AX
0AF9:0108
-T

AX=1234  BX=0000  CX=0000  DX=0000  SP=FFEE  BP=0000  SI=0000  DI=0000
DS=0AF9  ES=0AF9  SS=0AF9  CS=0AF9  IP=0103     NV UP EI PL NZ NA PO NC
0AF9:0103 89C3          MOV      BX,AX
-T

AX=1234  BX=1234  CX=0000  DX=0000  SP=FFEE  BP=0000  SI=0000  DI=0000
DS=0AF9  ES=0AF9  SS=0AF9  CS=0AF9  IP=0105     NV UP EI PL NZ NA PO NC
0AF9:0105 A30000        MOV      [0000],AX                    DS:0000=20CD
-T

AX=1234  BX=1234  CX=0000  DX=0000  SP=FFEE  BP=0000  SI=0000  DI=0000
DS=0AF9  ES=0AF9  SS=0AF9  CS=0AF9  IP=0108     NV UP EI PL NZ NA PO NC
0AF9:0108 CD21          INT      21
```

图 6-16　程序单步执行

程序执行时，由 IP 指令指针，又称为程序计数器 PC，指示要执行的指令的地址。上例中可见 IP 初始值为 0100，运行一次 T 命令，执行指令后，IP=0103，是第 2 条指令的地址。标志寄存器中各位会随着指令执行发生变化，若是条件转移指令，则会根据标志位的值，根据分支情况得到新指令的地址。

6.4.2 AEDK 实验机的控制器

在 AEDK 实验机上,提供了运算器模块、指令部件模块、通用寄存器模块、存储器模块、微程序模块、启停和时序模块、总线传输模块以及监控模块。在各个单元实验模块中,各模块的控制信号都由实验者手动模拟产生,而在微程序控制系统中,是在微程序的控制下,自动产生各种单元模块的控制信号,实现特定指令的功能。

(1) 微程序控制器构成

模型机采用 3 片 6264 构成微程序存储器。采用 2 片 74LS161 组成 8 位微地址寄存器,由 3 片 74LS374 组成 24 位微指令锁存器。AEDK 模型机微程序控制器电路图如图 6-17 所示。

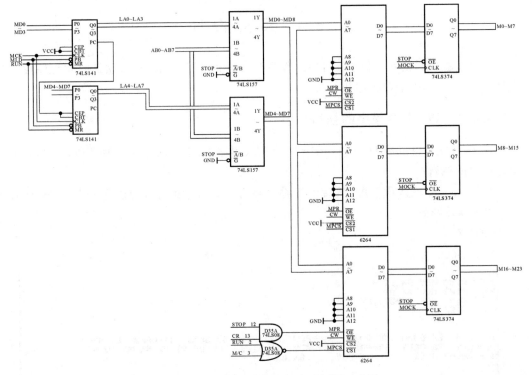

图 6-17   AEDK 模型机微程序控制器电路图

(2) 指令系统

模型机指令系统如表 5-4 所示。

(3) 微指令格式

本模型机采用 24 位微指令,全水平不编码纯控制场格式,一共有 24 个微操作控制信号,微程序入口地址采用"按操作码散转"法,指令操作码的高 4 位作为核心扩展成 8 位的微程序入口地址,如表 6-7 所示。

表 6-7   微指令格式表

11	10	9	8	7	6	5	4	3	2	1	0
X1	ERA	RA-O	EDR1	EDR2	ALU-O	CN	M	S3	S2	S1	S0
23	22	21	20	19	18	17	16	15	14	13	12
MLD	WM	RM	EIR1	EIR2	IR2-O	PC-O	ELP	RR	WR	HALT	X0

模型机微程序如表 6-8 所示。

表 6-8 AEDK 模型机微程序表

指令助记符	微地址有效值	16 进制	指令助记符	微地址有效值	16 进制
取指微指令	00H	4DFFFF	MOV Ri,A	13H	7FBDFF
	01H			14H	4DFFFF
	02H			15H	
ADD A,Ri	03H	FFFCF9		16H	
	04H	FF7F79	MOV A,#data	17H	DDFBFF
	05H	FFFBA9		18H	4DFFFF
	06H	4DFFFF		19H	
SUB A,Ri	07H	FFFCD6	MOV Ri,#data	1BH	DDBFFF
	08H	FF7F56		1CH	4DFFFF
	09H	FFFB86		1DH	
	0AH	4DFFFF	LDA A,addr	1FH	D5FFFF
MOV A,@Ri	0BH	F77FFF		20H	DBFBFF
	0CH	DBFBFF		21H	4DFFFF
	0DH	4DFFFF		22H	
	0EH		STA addr	23H	D5FFFF
MOV A,Ri	0FH	FF7BFF		24H	BBFDFF
	10H	4DFFFF		25H	4DFFFF
	11H			26H	
	12H		RRC	27H	FFF1EF
JMP addr	31H			28H	4DFFFF
	32H			29H	
ORL A,#data	33H	FFFCFE		2AH	
	34H	DDFF7E	RLC	2BH	FFE9EF
	35H	FFFBBE		2CH	4DFFFF
	36H	4DFFFF		2DH	
ANL A,#data	37H	FFFCEB		2EH	
	38H	DDFF7B	JZ addr	2FH	D4FFFF
	39H	FFFBBB	JC addr	30H	4DFFFF
	3AH	4DFFFF			
	3BH				
	3CH				
	3DH				
	3EH				
HALT	3FH	FFDFFF			

（4）实验内容及步骤

① 在了解模型机上硬件组成、指令系统、微程序系统的基础上，借助 LCACPT 软件，在模型机上调试程序，实现将 55H＋66H－33H 计算出来的结果存储在存储器中 10H 单元。

② 在了解模型机上硬件组成、指令系统、微程序系统的基础上，借助 LCACPT 软件，在模型机上调试程序，实现将 11H 置入通用寄存器 A，将 1FH 置入 R0，将 A 和 R0 相加，结果放在 A 中，再循环左移 A 中的数据 1 位，结果存入存储器 01H 单元中。

③ 实现用模型机计算 22H×11H。

6.4.3　EL 实验机的控制器

（1）EL 实验机微指令格式

EL 实验机的微程序控制器中，3 片 E^2PROM2816 作为控制存储器，存放 24 位微指令代码。微指令的控制字段采用字段直接编码方式，采用 74LS138 和 74LS273 设计微指令译码电路。

微指令格式如表 6-9 所示。

表 6-9　EL 实验机微指令格式

24	23	22	21	20	19	18	17	16	15	14	13	12	11	10	9	8	7	6	5	4	3	2	1
S_3	S_2	S_1	S_0	M	C_n	WE	1A	1B		F_1			F_2			F_3		uA_5	uA_4	uA_3	uA_2	uA_1	uA_0

第 16～24 位是运算器的方式控制（$S_3S_2S_1S_0MC_n$）、外部部件的读写控制（WE）和外部部件选通信号（1A、1B）。

第 13～15 位经锁存译码后产生运算器锁存控制信号（LDR_1、LDR_2）、指令寄存器锁存控制信号（LDIR）、寄存器堆写控制信号（LR_i）、程序计数器置数控制信号（LOAD）、地址寄存器锁存控制信号（LAR）。

第 10～12 位经锁存译码后产生寄存器堆输出控制信号（RAG、RBG、RCG）、移位寄存器输出控制信号（299-G）、运算器输出控制信号（ALU-G）、程序计数器输出控制信号（PC-G）。

第 7～9 位经锁存译码后产生机器指令译码测试位（P_1～P_4）、运算器进位输出控制信号（AR）、程序计数器时钟控制（LPC）。

第 1～6 位（uA_5～uA_0）是 6 位的后续微地址。

（2）微地址形成电路

EL 实验机由一片三态输出 8D 触发器 74LS374、三片 E^2PROM2816、两片 8D 触发器 74LS273、一片 4D 触发器 74LS175、三片 3 线-8 线译码器 74LS138、三片 2D 触发器 74LS74、一片三态门 74LS245 和两片六反相器 74LS04 等组成。

三片 EEPROM2816 构成 24 位控制存储器，两片 8D 触发器 74LS273 和一片 4D 触发器 74LS175 构成 18 位微指令寄存器，三片 3 线-8 线译码器 74LS138 对微命令进行译码。三片 2D 触发器 74LS74 构成 6 位微地址寄存器，它们带有清"0"端和预置端。在不判别测试的情况下，T_2 时刻打入微地址器的内容即为下一条微指令地址。当 T_4 时刻进行测试判别时，转移逻辑满足条件后输出的负脉冲通过强置端将某一触发器置为"1"状态，完成地址修改。SA_5～SA_0 为微控器电路微地址锁存器的强置端输出。

EL 实验机微程序控制器结构图如图 6-18 所示。

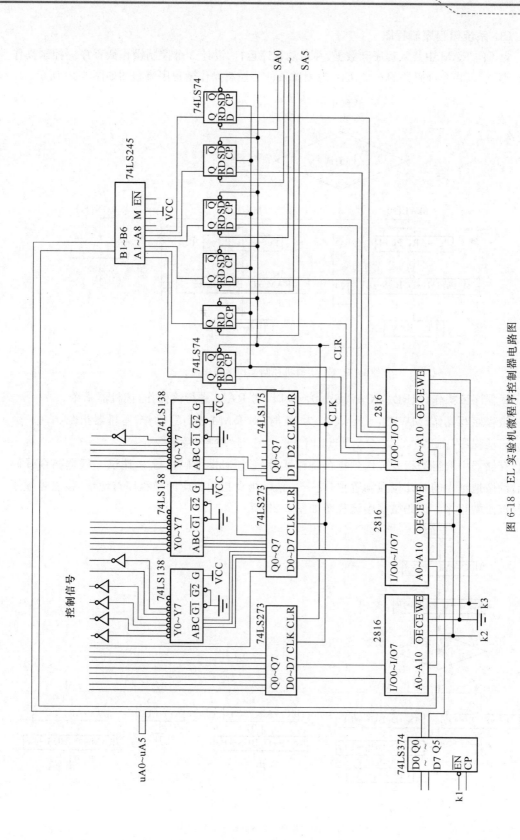

图 6-18 EL 实验机微程序控制器电路图

（3）系统微程序流程图

为了向 RAM 中装入程序和数据,并启动程序运行,设计 3 个控制操作微程序。控制操作为 P_4 测试,以指令译码器的 CA_1、CA_2 为测试条件。控制操作微程序流程图如图 6-19 所示。

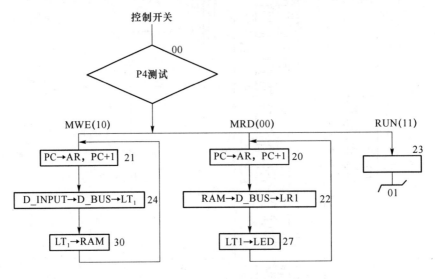

图 6-19 EL 实验机控制操作微程序流程图

微程序读操作（MRD）：CA_1、CA_2 为 00 时,对 RAM 进行读操作,读机器指令。

微程序写操作（MWE）：CA_1、CA_2 为 10 时,对 RAM 进行写操作,写机器指令。

启动程序（RUN）：CA_1、CA_2 为 11 时,转入 01 号"取指"微指令。

存储器中取得的指令传送到指令寄存器后,必须对操作码进行 P_1 测试。根据指令译码将后续微地址中的某几位强制置位,使下一条微指令指向相应的微程序首地址,接着才顺序执行该段微程序。译码微程序流程图如图 6-20 所示。

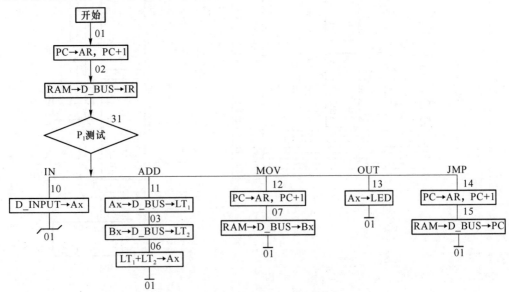

图 6-20 EL 实验机译码微程序流程图

所有指令的执行过程中，"取值"和"译码"微指令都是必需的，而且微指令执行的操作也是相同的，可以作为公用微指令，即流程图中的 01、02、31 处的微指令。31 处的"译码"微指令，做 P_1 测试，用指令寄存器的前 4 位作为测试条件，出现 5 路分支，占用 5 个固定微地址单元。

表 6-10 为根据微程序流程图设计的二进制微代码表。

表 6-10 二进制微代码表

微地址(二进制)	S_3	S_2	S_1	S_0	M	C_n	WE	1A	1B	F_1	F_2	F_3	$uA_5 \sim uA_0$
000000	0	0	0	0	0	0	0	0	0	111	111	110	010000
000001	0	0	0	0	0	0	0	0	0	101	101	101	000010
000010	0	0	0	0	0	0	0	1	0	110	111	111	011001
000011	0	0	0	0	0	0	0	0	0	010	100	111	000110
000110	1	0	0	1	0	1	0	0	0	000	001	111	000001
000111	0	0	0	0	0	0	0	1	0	000	111	111	000001
001000	0	0	0	0	0	0	0	1	1	000	111	000	000001
001001	0	0	0	0	0	0	0	0	0	100	000	111	000011
001010	0	0	0	0	0	0	0	0	0	101	101	101	000111
001011	0	0	0	0	0	0	1	0	1	111	000	111	000001
001100	0	0	0	0	0	0	0	0	0	101	101	101	001101
001101	0	0	0	0	0	0	0	1	0	001	111	101	000001
010000	0	0	0	0	0	0	0	0	0	101	101	101	010010
010001	0	0	0	0	0	0	0	0	0	101	101	101	010100
010010	0	0	0	0	0	0	0	1	0	100	111	111	010111
010011	0	0	0	0	0	0	0	0	0	111	111	111	000001
010100	0	0	0	0	0	0	0	1	1	100	111	111	011000
010111	0	0	0	0	0	1	1	0	0	111	001	111	010000
011000	1	1	1	1	1	1	1	1	0	111	001	111	010001
011001	0	0	0	0	0	0	0	1	0	110	111	000	001000

（4）实验机器指令

本实验采用 5 条机器指令，参考实验程序如表 6-11 所示。

表 6-11　实验参考程序

地址(二进制)	机器代码(二进制)	助记符	说明
00000000	00000000	IN AX,KIN	数据输入电路→AX
00000001	00100001	MOV BX,01H	0001H→BX
00000010	00000001		
00000011	00010000	ADD AX,BX	AX+BX→AX
00000100	00110000	OUT DISP. AX	AX→输出显示电路
00000101	01000000	JMP 00	00H→PC
00000110	00000000		

其中 MOV、JMP 为双字长(32 位)资料,其余为单字长指令。双字长指令,第一个字为操作码,第二个字为操作数。单字长指令只有操作码,没有操作数。所有指令的操作码高 8 位为 0,表中为低 8 位有效值。操作数 8 位、16 位均可。KIN 和 DISP 是实验系统的专用输入、输出设备。

(5)实验内容及步骤

① 按图 6-21 连接实验线路

② 写微代码

将开关 $K_1 K_2 K_3 K_4$ 拨到写状态,即 K_1 = off、K_2 = on、K_3 = off、K_4 = off,其中 K_1、K_2、K_3 在微程序控制电路,K_4 在 24 位微代码输入及显示电路上。在监控指示灯滚动显示【CLASS SELECT】状态下按【实验选择】键,显示【ES--_ _】输入 06 或 6,按【确认】键,显示为【ES06】,表示准备进入实验程序,也可按【取消】键来取消上一步操作,重新输入。再按下【确认】键,显示为【CtL1=_】,表示对微代码进行操作。输入 1 显示【CtL1_1】,表示写微代码,也可按【取消】键来取消上一步操作,重新输入。按【确认】显示【U-Addr】,此时输入【000000】6 位二进制数表示的微地址,然后按【确认】键,也可按【取消】键来取消上一步操作,重新输入,微地址显示灯(六个黄色指示灯,八进制)全灭,显示刚才输入的微地址,也可按【取消】键来取消上一步操作,重新输入。同时监控指示灯显示【U_CodE】,显示这时输入微代码【007F90】,该微代码是用 6 位十六进制数来表示前面的 24 位二进制数,注意输入微代码的顺序,先右后左,此过程中可按【取消】键来取消上一次输入,重新输入。按【确认】键则显示【PULSE】,按【单步】完成一条微代码的输入,重新显示【U-Addr】提示输入第二条微代码地址。

按照上面的方法输入表 6-12 微代码,观察微代码与微地址显示灯的对应关系(注意输入微代码的顺序是由右至左)。

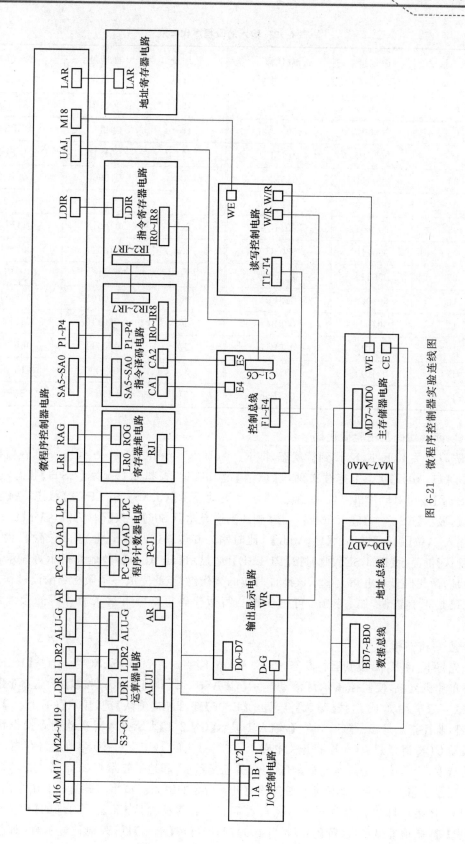

图 6-21 微程序控制器实验连线图

表 6-12　输入的微程序代码表

微地址 （八进制）	微地址 （二进制）	微代码 （十六进制）	微地址 （八进制）	微地址 （二进制）	微代码 （十六进制）
00	000000	007F90	15	001101	0371C1
01	000001	005B42	16	001110	015FCF
02	000010	016FD9	17	001111	014FD5
03	000011	015FC4	20	010000	005B52
04	000100	012FC5	21	010001	005B54
05	000101	0041C6	22	010010	014FD7
06	000110	9403C1	23	010011	007FC1
07	000111	015FCD	24	010100	01CFD8
10	001000	018E01	25	010101	06F3C1
11	001001	005B43	26	010110	011F41
12	001010	005B47	27	010111	06F3D0
13	001011	005B4E	30	011000	FF73D1
14	001100	005B56	31	011001	016E08

③ 读微代码及校验微代码

先将开关 $K_1K_2K_3K_4$ 拨到读状态，即 $K_1=$ off、$K_2=$ off、$K_3=$ on、$K_4=$ off，在监控指示灯显示【U_Addr】状态下连续按两次【取消】键，退回监控指示灯显示【ES06】状态，也可按【RESET】按钮对单片机复位，使监控指示灯滚动显示【CLASS SELECT】状态，按【实验选择】键，显示【ES--_ _】输入 06 或 6，按【确认】键，显示【ES06】。按【确认】键，显示【CtL1＝_】时，输入 2，按【确认】键显示【U_Addr】，此时输入 6 位二进制微地址，进入读代码状态。再按【确认】键显示【PULSE】，此时按【PULSE】键，显示【U_Addr】，微地址指示灯显示输入的微地址，微代码显示电路上显示该地址对应的微代码，至此完成一条微指令的读过程。检查微代码是否有错误，如有错误，可按步骤 2 写微代码重新输入这条微代码的微地址及微代码。

④ 写机器指令

先将 $K_1K_2K_3K_4$ 拨到运行状态，即 $K_1=$ on、$K_2=$off、$K_3=$ on、$K_4=$ off，按【RESET】按钮对单片机复位，使监控指示灯滚动显示【CLASS SELECT】状态，按【实验选择】键，显示【ES--_ _】输入 06 或 6，按【确认】键，显示【ES06】键，再按【确认】键，显示【CtL1＝_】，按【取消】键，监控指示灯显示【CtL2＝_】，输入 1 显示【CtL2_1】表示进入对机器指令操作状态，此时拨动 CLR 清零开关（在控制开关电路上，注意对应的 JUI 应短接）对地址寄存器、指令寄存器清零，清零结果是微地址指示灯（6 个黄色指示灯）和地址指示灯（8 个黄色指示灯，在地址寄存器电路上）全灭，如不清零则会影响机器指令的输入！清零步骤是使其电平高－低－高即 CLR 指示灯状态为亮－灭－亮。确定清零后，按【确认】键显示闪烁的【PULSE】，按【单步】键，微地址显示灯（黄色）显示"010001"时，再按【单步】键，微地址显示灯（黄色）显示

"010100"，地址指示灯(8个黄色指示灯)显示"000000"，数据总线显示灯(8个绿色指示灯)显示"000001"，此时按【确认】键，监控指示灯显示【CodE_ _】，提示输入机器指令"00"(两位十六进制数)，输入后按【确认】键，显示【PULSE】，再按【单步】键，微地址显示灯(黄色)显示"011000"，再按【单步】键，微地址显示灯(黄色)再次显示"010001"，数据总线显示灯(8个绿色指示灯)显示"000000"，即输入的机器指令。连续按【单步】键，微地址显示灯(黄色)显示"010100"时，按【确认】输入第二条机器指令。依此规律逐条输入表6-13的机器指令，输完后，在显示【PULSE】状态下按【确认】键进入显示【CodE_ _】状态，此时按【取消】键可退出写机器指令状态。按【取消】键退出写机器指令状态。注意，每当微地址显示灯(黄色)显示"010100"时，地址指示灯和数据总线显示灯均自动加1显示。

表6-13　实验参考程序机器指令代码

地址 (十六进制)	地址 (二进制)	机器指令 (十六进制)	地址 (十六进制)	地址 (二进制)	机器指令 (十六进制)
00	00000000	00	06	00000110	0B
01	00000001	10	07	00000111	40
02	00000010	0A	08	00001000	00
03	00000011	20	09	00001001	00
04	00000100	0B	0A	00001010	01
05	00000101	30	0B	00001011	01

⑤ 读机器指令及校验机器指令

在监控指示灯显示【CtL2=_】状态下，输入2，显示【CtL2_2】，表示进入读机器指令状态，按步骤4的方法拨动CLR开关对地址寄存器和指令寄存器进行清零，然后按【确认】键，显示【PULSE】，连续按【单步】键，微地址显示灯(黄色)显示从"000000"开始，然后按"010000""010010""010111"方式循环显示。只有当微地址灯(黄色)显示为"010111"时，数据总线指示灯(绿色)上显示的为写入的机器指令。读的过程注意微地址显示灯，地址显示灯和数据总线指示灯的对应关系。如果发现机器指令有误，则需重新输入机器指令。

注意:机器指令存放在RAM里，掉电丢失，故断电后需重新输入。

⑥ 运行程序

在监控指示灯显示【CtL2=_】状态下，输入3，显示【CtL2_3】，表示进入运行机器指令状态，按步骤④的方法拨动CLR开关对地址寄存器和指令寄存器进行清零，使程序入口地址为00H，可以【单步】运行程序也可以【全速】运行，运行过程中提示输入相应的量，运行结束后从输出显示电路上观察结果。

习　题　6

1. 假设CPU结构如图6-1，写出下列指令的操作序列和控制信号序列。

(1) ADD R1,3　　　　(2) ADD R1,num　　　　(3) ADD [R2],R0

2. 某机有 5 条微指令，每条微指令所包含的微命令如表 6-14，采用直接控制法和字段编码法，设计微程序。

表 6-14 微指令时序及命令

	a	b	c	d	e
I1	√	√	√		
I2	√		√		
I3		√		√	
I4		√			√
I5				√	

3. 已知某 CPU 的控制信号分为 10 组，每组控制信号数量如表 6-15。计算水平直接表示法和编码法时，微指令长度分别是多少。

表 6-15 控制信号分组表

1	2	3	4	5	6	7	8	9	10
3	4	4	5	2	3	7	11	12	5

4. 某机为微程序控制计算机，其控制存储器容量为 1 K×48 位，微程序可以在整个控制存储器中实现转移，转移条件三个，那么微指令格式中有几个字段？每个字段多少位？

第7章 输入输出系统

7.1 总线与接口标准

总线是许多信号线的集合,是模块与模块之间或者设备与设备之间进行互联和传递信息的通道。当多个设备连接到总线上时,其中任何一个设备发出的信号都可以被总线上的其他设备接收,但在同一时间段内,只能有一个设备作为主动设备(该设备被选中)发出响应信号,而其他设备处于被动接收状态。总线都具有严格规定的标准,因此,按照总线标准研制的计算机系统具有很好的开放性。

7.1.1 总线的分类

1. 按总线功能或信号类型划分

按总线功能或信号类型可以分为数据总线、地址总线、控制总线三类。

(1) 数据总线:用于传输数据,具有双向三态逻辑。数据总线的宽度表示了总线传输数据的能力,反映了总线的性能。

(2) 地址总线:用于传输地址信息,一般采用单向三态逻辑。地址总线一般是由处理器发出到总线上各个部件的。地址总线的位数决定了该总线构成的微机系统的寻址能力。

(3) 控制总线:用于传输控制、状态和时序信号,有些信号是单向的,有些是双向的。比如 IO 读/写信号、中断信号等。控制总线决定了总线功能的强弱和适应性。

2. 按总线分级结构划分

按总线分级结构可以分为 CPU 总线、局部总线、系统总线、通信总线四类。其中,CPU总线、局部总线、系统总线三者又称为 PC 总线。

(1) CPU 总线:位于 CPU 内部,作为运算器、控制器、寄存器组等功能单元之间的信息通路,又称为片内总线,是微机系统中速度最快的总线。现代微机系统中,CPU 总线也开始分布在 CPU 之外,紧紧围绕 CPU 的一个小范围内,提供系统原始的控制和命令等信号。

(2) 局部总线:某些具有高数据传输率的设备(如图形、视频控制器、网络接口等),尽管微处理器有足够的处理能力,但是总线传输却不能满足它们高速率的传输要求。为了解决这个矛盾,在微处理器和高速外设之间增加了一条直接通路,一侧直接面向 CPU 总线,一侧面向系统总线,分别通过桥芯片连接,这就是局部总线。局部总线是直接连接到 CPU 总线的 I/O 总线,因此使有高需求的外设和处理器有更紧密地集成,为外设提供了更宽更快的高速通路。如 PCI 总线就是一种局部总线。

使用局部总线后,系统内形成了分层总线结构。这种体系结构中,不同传输要求的设备分类连接在不同性能的总线上,合理分配系统资源,满足不同设备的不同需要。另外,局部总线信号独立于微处理器,处理器的更换不会影响系统结构。

（3）系统总线:微机系统采用多模块结构(CPU、存储器、各种I/O模块),通常一个模块就是一块插件板,各插件板的插座之间采用的总线称为系统总线,又叫I/O通道总线。

（4）通信总线:用于主机和I/O设备或者微机系统与微机系统之间通信的总线,又称为外部总线。

7.1.2　总线的主要性能参数

总线性能是由具体的性能指标决定的。微机系统中使用的总线种类很多,但是所有的总线都含有一些主要的性能参数。

1. 总线频率

总线的工作频率,单位是MHz,是总线上信号的基本时钟。总线频率越高,单位时间内传输的数据流量就越大。

2. 总线宽度

总线上可同时传输的数据的位数。位数越多,一次传输的信息就越多。

3. 总线的数据传输率

在一定时间内总线上可传送的数据总量,用每秒最大传输数据量来表示,也称带宽,单位是Mbit/s。

7.1.3　总线特征

为了使得不同的设备在总线上相互连接并进行数据交换,需要对总线上各个信号的名称、功能、电气特性、时间特性等给出统一的规定,这就是总线标准。有了统一的总线标准,便于不同厂商提供的产品之间的互换与组合。同一系统总线上各插卡的位置可以互换。各种总线特征主要包括以下几个部分。

1. 物理特性

是指总线在机械物理连接上的特性,包括连线的类型、数量、接插件的几何尺寸、形状和引脚线的排列等。

2. 功能特性

总线中每根传输线的功能。包括数据总线、地址总线、控制总线。

3. 电气特性

总线中每根信号线的传递方向、信号的有效电平范围、动态转换时间、负载能力等。通常规定由CPU发出的信号为输出信号,送入CPU的信号为输入信号。

4. 时间特性

具体描述总线中的任一传输线,在时间、有效性以及信号之间的时序关系。

7.1.4　总线操作和传送控制

1. 数据在总线上传输的过程

总线的基本任务是进行信息交换。信息在两个或两个以上模块(或设备)之间传送时,传送信息的主动方称为主模块,传送信息的被动方称为从模块。一般情况下,信息的传送都是在主模块和一个从模块之间进行。总线上同一时刻只有一个主模块占用总线。

一次数据传输的过程分为以下几个阶段。

(1) 总线请求和仲裁阶段。当系统中的一个或多个主模块需要使用总线时,首先申请总线控制权,总线裁决机构(总线控制器)根据某个算法做出裁定,将总线控制权赋予某个主模块。下一传输周期中该模块即可占用总线进行传输。

(2) 寻址阶段。取得了总线使用权的主模块,发出本次要访问的从模块的地址,通过译码选中本次传输的从模块,在获得主模块传送的命令后,从模块给出确认信号,数据传输过程开始启动。

(3) 数据传送阶段。主模块和从模块之间进行数据传输,一次可以传送单个数据或一批数据。

(4) 结束阶段。主模块和从模块的相关信息从总线上撤除。主模块让出总线控制权,以便其他模块可以申请使用。

2. 总线传送控制

主从模块之间通常采用下面四种方式之一实现对总线传送的控制。

(1) 同步方式:信息传送过程是在同一个时钟的控制下进行的。这个时钟信号连接到总线所有模块,总线上的所有事件都在时钟周期的开始产生。同步方式要求总线上的所有设备都能按照严格的时间关系传输数据。其优点是电路设计比较简单,完成一次传输的时间很短,主从之间没有等待,适合于高速设备的数据传输。如 PCI 总线就是采用同步传输方式。

(2) 异步方式:异步方式采用应答方式传输数据,没有统一的时钟信号,而是通过握手(Handshaking)信号线"请求(Request,REQ)"和"应答(Acknowledge,ACK)"来协调传输过程。这两个信号有制约关系,主设备的请求 REQ 有效,由从设备的 ACK 来响应,ACK 有效,REQ 才能撤销,只有 REQ 撤销了 ACK 才能撤销,只有 ACK 撤销了,才允许下一传输周期的开始。这样保证了数据传输的可靠性。这种传输方式的数据传输时间随着设备响应速度的不同而变化,数据的开始时间由联络信号通知。异步方式的缺点是每次传输都需要经过应答的过程,传输延迟是同步传输的两倍。因此,异步方式比同步方式要慢,总线的频带窄,总线传输周期长。微处理器对存储器系统的读写就是一种异步传输方式。

(3) 半同步方式:综合同步和异步的优点设计了半同步方式传送。从总体来看,仍是同步系统,使用公共系统时钟来定时,但是数据的开始时间由时钟信号和握手信号共同确定。系统中设置"等待(WAIT)"或"就绪(READY)"信号线。对于可以严格按照时钟规定进行传送的两个高速设备,依然按照同步方式传送。如果从设备是慢速设备,在没有准备好数据传输时,设置 WAIT 有效(或 READY 无效),系统自动检测这两个信号线,若 WAIT 有效(或 READY 无效),则总线周期延长一个时钟周期,强制主模块等待。这样就可以按异步方式那样使不同速度的设备可以同时在系统中做数据传输。ISA 总线属于半同步总线。

(4) 分离方式:在上面三种方式中,从主模块发出传输请求开始,直到数据传输结束的整个传输周期中,系统总线完全由主模块和从模块占用。然而在总线读周期的寻址阶段和数据传送阶段之间有一个短暂的时间间隔,在这个时间间隔内,从模块执行读命令,总线上并没有实质性的数据传输,即空闲状态。为了提高总线的利用率,将读周期分为两个分离的子周期。第一个子周期为寻址阶段,当有关的从模块从总线上得到主模块发出的地址、命令及有关信息后,立即和总线断开,以便其他模块可以使用总线。等到从模块准备好数据后,启动第二个子周期,由该从模块申请总线,在获得总线后将数据发送给原来请求数据的主模块。两个子周期都采用同步方式传送。分离式传输适合于有多个主模块(如多个处理器或多个 DMA 设备)的系统。

7.1.5 常见总线标准

1. STD 总线

STD 总线是 1978 年推出的用于工业控制微型计算机的标准系统总线,具有高可靠性、小板结构、高度模块化等优越的性能,在工业领域得到广泛的应用和迅速发展。现在已成为 IEEEP961 建议的总线标准。这是目前规模最小,设计较为周到且适应性好的一种总线。

2. IBM PC 总线

IBM PC 总线简称 PC 总线或 PC/XT 总线,是 IBM PC/XT 个人计算机采用的微型计算机总线,是针对 Intel 8088 微处理器设计的。它以 I/O 通道形式经过扩充并经驱动器驱动以增加负载能力而连至扩充插槽,作为 I/O 接口板和主机之间的信息交换通道。

3. ISA 总线

ISA(Industry Standard Architecture,工业标准体系结构)总线是 Intel 公司、IEEE 和 EISA 集团联合在 62 线的 PC 总线的基础上经过扩展 36 根线而开发的一种系统总线。因为开始时是应用在 IBM PC/AT 机上,所以又称为 PC AT 总线。

4. EISA 总线

当 PC 机发展到 32 位数据总线后,ISA 总线的数据总线和地址总线的宽度影响了 32 微处理器的性能发挥。1988 年 Compaq 为代表的几个公司联合在 ISA 总线的基础上推出了 32 位的扩展工业标准结构 EISA 总线。

EISA 总线采用开放结构,与 ISA 兼容。EISA 总线信号由原来 ISA 总线的 98 引脚扩展到 198 个,具有 32 位数据线,32 位地址,可以寻址 4 GB。总线频率为 8.33 MHz,最大数据传输率达到 33.3 Mbit/s。这样的高速度很适合于高速局域网、快速大容量磁盘及高分辨率图形显示。EISA 总线从 CPU 中分离出总线控制权,是一种智能化的总线,支持多总线主控和突发传输方式,可以直接控制总线进行对内存和 I/O 设备的访问而不涉及 CPU,所以极大地提高了整体性能。

5. PCI 总线

为了充分发挥 Pentium 微处理器的全部资源,为其配备高性能、高带宽的总线,Intel、IBM、Compaq 等公司联合制定了 PCI 总线标准。PCI 总线的全称是外围部件互联(Peripheral Component Interconnect),它是一种高性能的局部总线,严格规范,提供高度的可靠性和兼容性,因此成为主流的标准总线,被广泛应用于现代台式微机、工作站和便携机。

PCI 总线的特点:

(1) 独立于处理器。PCI 总线是一种独立于处理器的总线标准,支持多种处理器,适用于多种不同的系统。在 PCI 总线构成的系统中,接口和外围设备的设计是针对 PCI 总线,而不是针对微处理器的,所以这些设备可以独立于处理器设计和升级,当处理器因为过时而需要更换时,接口和外围设备仍然可以正常使用。

(2) 传输效率高。PCI 总线采用 33.3 MHz/66.6 MHz 的时钟频率。在 33.3 MHz 时钟频率时,数据总线宽度 32 位,最大数据传输率达到 133 Mbit/s。如果数据总线宽度升级到 64 位,则数据传输率可达到 266 Mbit/s。

(3) 多总线共存。PCI 总线是通过桥芯片进行不同标准信号之间的转换。通过 HOST-PCI 桥芯片,实现 PCI 与 CPU 总线相连接;通过 PCI-ISA/EISA 桥芯片,实现 PCI 与 ISA 或者 EISA 相连接。这样,使得多种总线可以共存于一个系统中,慢速和高速设备就可以分别挂在不同的总线上。

(4) 支持线性突发传输。线性突发传输不同于单次数据传输,单次传输是每传输一个数据前都要在总线上给出数据的地址,而线性突发传输只要在开始的时候将首地址发到总线上,之后每个时钟都只传输数据,而地址自动加 1,这样的方式适合顺序读写一批数据,可以减少无谓的地址操作,加快数据传输速度。

(5) 支持总线主控方式和同步操作。挂接在 PCI 总线上的设备有主控和从控两类。PCI 总线允许多处理器系统中任何一个处理器或其他有总线主控能力的设备成为主控设备,对总线实行操作。这样微处理器内部的操作和总线操作可以同时进行,而不必要等待总线操作完成。

(6) 支持两种电压,适用各种机型。PCI 总线支持 5 V 和 3.3 V 的扩展卡,并可以从 5 V 向 3.3 V 进行平滑的系统转换。

(7) 具有即插即用功能。PCI 总线的接口卡上都设有配置寄存器,系统加电时用程序给这些设备分配端口地址等系统资源,可以避免使用时发生冲突。

(8) 预留扩展空间。PCI 总线开发时预留了足够的发展空间,比如,它支持 64 位地址/数据多路复用,这是考虑到新一代的高性能外围设备最终将需要 64 位宽度的数据通道。PCI 的 64 位延伸设计,可将系统的数据传输率提高到 266 Mbit/s。

6. PCI Express

随着近些年 IT 业爆炸式的迅猛发展,计算机硬件技术也有了极其长足的进步。其中,计算机内部必不可少的 I/O 总线更是如此,从最早的 ISA 总线扩展插槽到现在的 AGP 总线接口,短短的十几年间,计算机内部的 I/O 总线的数据传输率从最早的 8.33 Mbit/s 已经到达了现在 AGP 8X 的 2.1 Gbit/s。尽管如此,随着将来制造工艺的发展,尤其是现在 Intel 的 90 nm 工艺日趋成熟,将会出现很多需要带宽更大、数据传输速率更快的设备。在 2001 年春的开发者论坛上 Intel 宣布了要用一种新的技术取代 PCI 总线和多种芯片的内部连接,并称之为第三代 I/O 总线技术 3rd Generation I/O(也就是 3GIO)。不久后,以 Intel、AMD、IBM、DELL、NVIDIA 等 20 多家业界主导公司开始起草 3GIO,2002 年草案完成,并正式命名为 PCI Express。

PCI Express(简称 PCIE),虽然从表面来看它的名字和 PCI 有些类似,但它们之间却有着本质的区别。PCI 采用的是并行通道。PCI Express 总线属于串行总线,进行的是点对点传输,每个传输通道单独享有带宽。PCI Express 总线还支持双向传输模式和数据分路传输模式。PCI Express 接口根据总线接口对位宽的要求不同而有所差异,分为 PCI Express1×、2×、4×、8×、16×甚至 32×,由此 PCI Express 的接口长短也不同,1×最小,往上则越大。其中 1×、2×、4×、8×、16×为数据分路传输模式,32×为多通道双向传输模式。1×单向传输带宽可达到 250 Mbit/s,双向传输带宽能够达到 500 Mbit/s,这个已经不是 PCI 总线所能够相比的了。同时 PCI Express 不同接口还可以向下兼容其他 PCI Express 小接口的产品,即 PCI Express 4×的设备可以插在 PCI Express8X 或 16X 上进行工作。

7. USB 总线

USB(Universal Serial Bus)是一种新型的外设接口标准,其基本思想是采用通用连接器和自动配置及热插拔技术,以及相应的软件,实现资源共享和外设的简单快速连接。这样就解决了传统接口电路中,每增加一种设备,就需要为其准备一种接口或插座,以及不同的驱动程序所造成的使用、维护上的困难。1996 年 Intel 公司等公布了 USB 1.0 版本,目前最新的版本是 USB 3.1。USB 1.0 最大传输速率可达 1.5 Mbit/s(192 Kbit/s),USB 3.1 最大传输速率高达 10 Gbit/s(1280 Mbit/s)。由于微软 Windows98/2000/XP 中都内置了 USB 接口模块,加上 USB 设备的日益增多,因此 USB 成为目前流行的外设接口。

USB 的硬件包括 USB 主控制器/根集线器(USB Host Controller/root Hub)和 USB 设备。USB 主控制器和根集线器合称为 USB 主机(HOST)。USB 主控制器是硬件、固件和软件的联合体,负责总线上数据的传输,把并行的数据转换成串行的数据,并建立 USB 的传输处理,传给根集线器后在总线上传送。

根集线器集成在主系统中,由一个控制器和中继器组成,可以提供一个或更多的接入端口。根集线器检测外设的连接和断开,执行主控制器发出的请求并在设备和主控制器之间传递数据。

除了根集线器,USB 总线上还可以连接附加的集线器(USB Hub),允许 USB 系统扩展。每个集线器可以提供 2 个、4 个或 7 个接入点。但是总线供电的集线器由于受到总线提供功率的限制,最多只能支持 4 个 USB 端口。集线器由控制器和中继器组成,控制器管理主机和集线器之间的通信及帧定时,中继器负责连接的建立和断开。

USB Hub 和 Root Hub 是 USB 即插即用技术中的核心部分,完成 USB 设备的添加、删除和电源管理等功能。

USB 设备分为 Hub 设备和功能设备两种。功能设备就是接在 Hub 上的外设,它能在总线上发送和接收数据、控制等信息,是完成某项具体功能的硬件设备,又称为"功能件(function)",如打印机、扫描仪等。Hub 设备则有一个 Hub 和一个或多个功能件,又称为复合的 USB 设备。USB 设备包含一定数量的寄存器端口,这些端口称为端点(Endpoint),被赋予不同的端点号。每个 Hub 和功能件都有唯一的逻辑地址,通过该地址和端点号,主机软件可以和每个端点通信。我们把 USB 端点和主机软件的联合称为"管道"(Pipe)。

8. IEEE 488 总线

IEEE 488 总线是一种并行外部总线,主要用于各种仪器仪表之间和计算机与仪表之间的相互连接。1975 年 IEEE 488 作为标准接口总线的国际标准,是当前工业应用上最广泛的通信总线。

IEEE 488 标准的主要电气性能有:总线上只能连接 15 个设备。数据速率必须小于或等于 1 Mbit/s。总传输距离不超过 20 m,或 2 m 乘以设备数目。IEEE 488 电缆连接器是一个 24 引线的带有插头和插座的组合式接头。每个设备只要装有一个 IEEE 488 连接器就可以和许多设备连接起来。

在总线上挂接的设备从逻辑上来说分为控制器、发话器、收听器。发话器是指系统中向其他设备发送数据的信息源,系统中允许多个发话器存在,但是同一时刻只能有一个发话器工作。收听器是指那些可以接收数据的设备,在一个系统中可以有多个收听器同时工作。

控制器是指对挂在总线上的各个设备来指定地址或发出命令的设备,在系统中用来控制信息的发送和接收过程,即对总线的工作情况进行控制。

9. IEEE 1394 总线

IEEE 1394 是 Apple 公司于 1993 年提出的,用来取代 SCSI 的高速串行总线"FireWire",后经 IEEE 协会于 1995 年 12 月正式接纳为一个工业标准,全称是 IEEE 1394 高性能串行总线标准(IEEE 1394 High Performance Serial BUS Standard)。

IEEE 1394 的性能特点:

(1)通用性强。IEEE 1394 采用菊花链结构,以级联方式在一个接口上最多可以连 63 个不同种类的设备。

(2)传输速率高。IEEE 1394a 支持 100 Mbit/s,200 Mbit/s 及 400 Mbit/s 的传输速率。而 IEEE 1394b 规范定义了 800 Mbit/s,1.6 Gbit/S 甚至 3.2 Gbit/s 的高传输速率。

(3)实时性好。IEEE 1394 的高传输率加上同步传送的方式,使数据的传送具有很好的实时性。

(4)总线提供电源。IEEE 1394 的 6 芯电缆中有两条是电源线,可以直接向连接的设备提供 4~10 V 和 1.5 A 的电源。

(5)系统中设备之间关系平等。任何两个带有 IEEE 1394 接口的设备可以直接连接而不需要通过 PC 机控制。

(6)连接方便。采用设备自动配置技术,允许热插拔和即插即用。

10. AGP 总线

AGP(Accelerated Graohics Port)是 Intel 公司提出的一种 PC 平台上能充分改善对 3D 图形和全运动视频处理的新型视频接口标准。显示卡的显示内存中不仅有影像数据,还有纹理数据、Z 轴的距离数据及 Alpha 变换数据等。由于显示内存的价格昂贵,容量配置不大,所以通常是将纹理数据从显存移到主存。由于纹理数据传输量很大,若从主存通过 PCI 总线传送回显存,则 PCI 总线将成为系统的瓶颈。所以用 AGP 在主存和显示卡之间建立一条直接的通道,使得 3D 图形数据不通过 PCI 总线,而是直接送入显示子系统。

AGP 总线的特点:

(1)采用流水线技术进行内存读/写。将前面的存储器和总线操作与后续的操作重叠执行,大大减少内存的等待时间,数据传输率有很大的提高。

(2)采用双泵技术。在 66.6 MHz 的时钟信号上升沿和下降沿都传送数据,相当于使工作时钟频率提高了 2 倍。

(3)采用直接存储器执行(Direct Memory Excute,DIME)技术。AGP 将显示时的纹理数据置于帧缓冲区,即图形控制器的内存之外的系统内存,允许着色期间直接从系统内存获取数据,这样帧缓冲区和带宽可供其他功能使用,又实现低成本支持更大的纹理数据。

(4)采用边带寻址 SBA(Sideband Address)方式。允许图形控制器在上次数据没有传送完时就发出下一次的地址和请求,提高随机内存访问的速度。

(5)显示 RAM 和系统 RAM 可以并行操作。在 CPU 访问系统 RAM 的同时,AGP 显示卡访问 AGP RAM,显示带宽独享,提高系统的并行工作性能。

(6)缓解 PCI 总线上的数据拥挤。图形数据利用专用通路,不再占用 PCI 带宽。

7.2 输入输出接口

通用的微型计算机硬件系统是由中央处理器（CPU 或 MPU）、内存储器（RAM 和 ROM）、外部设备（或称 I/O 设备、输入/输出设备）及其接口电路组成。微型计算机上的所有部件都是通过总线互联的，外部设备也不例外。在一个实际的计算机控制系统中，CPU 与外部设备之间常需要进行频繁的信息交换，包括数据的输入输出、外部设备状态信息的读取及控制命令的传送等，这些都是通过接口来实现的。所谓接口（Interface）便是微机与外部设备的连接部件（电路、芯片、器件），并与外界进行信息交换的中转站。接口的全称叫输入输出接口或 I/O 接口。

7.2.1 接口的功能

由于外设处理信息的类型、速度、通信方式与 CPU 都很不匹配，不能直接挂在总线上，因此必须通过一定的 I/O 接口和系统相连。接口的根本作用就是要以尽量统一的标准为 CPU 和各种外设之间建立起可靠的消息连接和数据传输的通道。具体来说，I/O 接口需要提供下列功能。

（1）I/O 地址译码与设备选择。所有外设都通过 I/O 接口挂接在系统总线上，在同一时刻，总线只允许一个外设与 CPU 进行数据传送。因此，只有通过地址译码选中的 I/O 接口允许与总线相通，而未被选中的 I/O 接口呈现为高阻状态，与总线隔离。

（2）信息的输入输出。通过 I/O 接口，CPU 可以从外部设备输入各种信息，也可将处理结果输出到外设；CPU 可以控制 I/O 接口的工作（向 I/O 接口写入命令），还可以随时监测与管理 I/O 接口和外设的工作状态。

（3）命令、数据和状态的缓冲与锁存。因为 CPU 与外设之间的时序和速度差异很大，为了能够确保计算机和外设之间可靠地进行信息传送，要求接口电路应具有信息缓冲能力。接口不仅应缓存 CPU 送给外设的信息，也要缓存外设送给 CPU 的信息，以实现 CPU 与外设之间信息交换的同步。

（4）信息转换。I/O 接口还要实现信息格式变换、电平转换、码制转换等功能。

（5）联络功能。接口从系统总线或外设接收一个数据，能发出"数据到"联络信号，通知外设或微处理器取走数据，数据传输完成后，又可以向对方发出信号，准备进行下一次传输。

（6）中断管理功能。中断管理功能主要包括向微处理器申请中断，向微处理器发中断类型号，中断优先权的管理等。

（7）可编程功能。有些接口具有可编程特性，可以用指令来设定接口的工作方式、工作参数和信号的极性。可编程功能扩大了接口的适用范围。

（8）其他功能，如复位功能、错误检测功能等。

7.2.2 接口的分类

1. 按通用性分

接口电路按通用性分为两类：通用接口和专用接口。

通用接口：可供多种外部设备使用的标准接口，目的是使微机正常工作，通用接口通常制造成集成电路芯片,称为接口芯片。例如,最初的 IBM-PC 使用了 6 块接口芯片:8284、8288、8255、8259、8237、8253,后来的微机将这些芯片集成为大规模集成电路芯片,称为芯片组。

专用接口:是指为某种用途或某类外设而专门设计的接口电路,目的在于扩充微机系统的功能。专用接口通常制造成接口卡,插在主板总线插槽上使用。事实上通用接口和专用接口的界限并不严格。

2. 按可编程分

按照可编程性,接口芯片分成硬布线逻辑接口芯片和可编程接口芯片。前者按照特定的要求设计,通常由中小规模电路构成,一旦加工、制造完毕,它的功能就不能再改变。而可编程接口芯片的功能可以由指令来控制和选择。例如,可以将某数据端口设定为"输入",也可以将它设定为"输出"。显然,芯片的"可编程"特性扩大了它的应用范围,使用方便。

3. 按功能分

从功能上划分,接口大致可以分为输入接口、输出接口、外存接口、过程控制接口、通信接口、智能仪器接口。

7.2.3　接口的组成结构

I/O 接口的总体结构如图 7-1 所示,把端口地址译码、读/写/中断控制逻辑、数据缓冲/锁存器、数据、控制和状态端口等电路组合起来,就构成了一个简单的 I/O 接口电路。它一方面与系统地址总线、数据总线、控制总线相连接,另一方面又与外部设备相连。

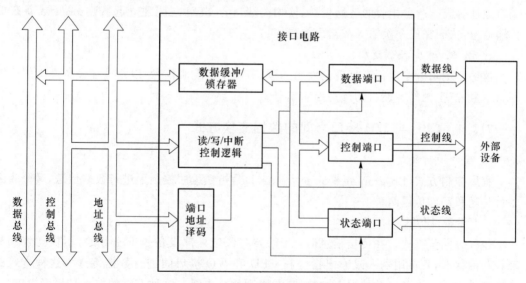

图 7-1　I/O 接口的基本结构

1. 数据缓冲/锁存器

数据缓冲/锁存器是连接系统数据总线的部分,起到缓冲和驱动的作用。数据缓冲/锁存器分为输入缓冲和输出锁存两种。

输入缓冲是将外部设备送来的信息暂时存放,当微处理器选中该设备,也即读该缓冲器的控制信号有效时,才将缓冲器的三态门打开,缓冲器与总线通路打开,使外部设备的数据进入系统的数据总线。在其他时间,缓冲器的输出端呈高阻状态,缓冲器与系统的数据总线通路关闭。

输出锁存的作用是暂存微处理器送往外部设备的信息,以便使外部设备有充分的时间接收和处理。在锁存允许端为无效电平时,数据总线上的新数据不能进入锁存器。只有当确知外部设备已经取走上次输出的数据时,方能在锁存允许端为有效电平时,将新数据送入锁存器锁存。

2. I/O 端口

接口内部可以包括一个或多个 CPU 可以进行读/写操作的寄存器,称为 I/O 端口寄存器,简称 I/O 端口。按存放信息的不同,I/O 端口可分为以下三种类型。

(1) 数据端口:用于暂存 CPU 与外部设备间传送的数据信息。

(2) 状态端口:用于暂存外部设备的状态信息。状态信息编码称为外部设备的状态字。

(3) 控制端口:用于暂存 CPU 对外部设备或接口的控制信息,控制外部设备或接口的工作方式。控制信息编码称为外部设备的控制字或命令字。

每个 I/O 端口都有一个唯一的地址。CPU 以端口地址来区分不同的端口,并对它们分别进行读、写操作。一个外部设备接口中往往有多个端口,因此,CPU 对外部设备的各种操作,例如向外部设备发控制命令、查询外部设备的状态、向外部设备输出数据、从外部设备获得数据等,最终均归结为对接口电路中各端口的读/写操作。

3. 端口地址译码

微处理器在访问外部设备时,向系统地址总线发送要访问的端口地址,译码电路接收到端口地址后应能产生相应的选通信号,使相关端口与 CPU 之间建立起数据、命令或状态的传输通道,从而完成一次输入或输出的操作。

4. 读/写/中断控制逻辑

这部分逻辑电路根据微处理器发出的读、写和中断控制信号,以及外部设备发出的应答联络信号,产生内部各端口的读写控制信号。

7.2.4 CPU 与 I/O 接口之间的数据交换方式

1. 程序控制方式

程序控制方式(Programmed direct control)是指在程序控制下进行数据传送,又分为无条件传送和条件传送两种。

(1) 无条件传送

也称为同步方式。在传送信息时,CPU 始终假定外部设备是准备好的,不执行查询外部设备的状态,直接用输入或输出指令在 CPU 和 I/O 接口间进行数据传送。这种方式必须在外部设备已准备好的情况下才能使用,否则就会出错。这种方式的特点是程序简单,多用于驱动类似于 LED 或继电器这样简单的应用场合。

(2) 条件传送

也称为查询传送方式。在这种方式下进行数据传送时,微处理器需要先查询外部设备的状态,当外部设备准备好时才进行数据传送,否则 CPU 等待并轮询外部设备状态。在查询传送方式中,由于 CPU 的高速性和 I/O 设备的低速性,致使 CPU 绝大部分的时间都用于轮询测试 I/O 设备是否准备好,造成 CPU 资源的浪费。

2. 中断方式

在查询传送方式下,CPU 要不断地轮询外部设备,在查询期间不能执行别的程序,利用率降低。中断方式(Interrupt transfer)克服了这一缺点。当外部设备没有准备好输入输出时,CPU 不去查询和等待该外部设备,可以运行一个其他的程序。当外部设备准备好输入/输出数据时,即输入时外部设备已将待输入数据存放在数据输入寄存器,或输出时外部设备已将上一个数据输出,输出寄存器已空,这时,外部设备向 CPU 发中断请求,CPU 根据该设备的优先级别,决定是否响应该中断请求;当响应该中断时,CPU 暂停执行当前程序,转去执行外部设备对应的中断服务程序。

中断方式既能节省 CPU 时间,提高 CPU 效率,又能使 I/O 设备的服务请求得到及时响应,适合在实时性系统中使用。但中断方式需要中断逻辑电路的支持,硬件比较复杂。另外,中断方式仍是 CPU 通过程序来传送数据,每次传送一个字节都需要 CPU 的参与。对于一个高速 I/O 设备,以及需要成组交换数据的情况,如磁盘与内存交换信息,中断方式就显得速度太慢。

3. DMA 方式

DMA 方式(Direct Memory Access,直接存储器访问)不通过 CPU,而是由专门的硬件在外部设备与内存之间直接进行数据交换。在 DMA 方式下,由专门的器件来实现外部设备与内存之间的数据传送,这个器件称为 DMA 控制器,简称 DMAC。DMA 方式下,CPU 将外部设备与内存交换数据的操作和控制权交给 DMA 控制器,从而大大减轻了CPU 的负担,传送速率高,但是这种方式要求设置 DMA 控制器,电路结构复杂,硬件开销大。

DMA 方式传送时,由 DMA 控制器向微处理器提出总线请求,微处理器响应后让出总线,这时系统总线由 DMAC 接管,外部设备和内存之间的数据传送由 DMAC 控制。这种方式下,除微处理器外,DMAC 也是主控设备。

4. 通道方式

通道(I/O channel control)方式是 DMA 方式的发展,它可以进一步减少 CPU 的干预。通道独立地执行用通道命令编写的输入/输出控制程序,产生相应的控制信号送给由它管辖的设备控制器,继而完成输入/输出过程。通道是一种通用性和综合性都较强的输入输出方式,它代表了现代计算机组织向功能分布方向发展的趋势

I/O 通道具有自己的专用指令,并能实现指令所控制的操作,所以,I/O 通道已具备处理机的初步功能。但它仅仅是面向外围设备的控制和数据的传送,其指令系统也仅仅是几条简单的与 I/O 操作有关的命令。它要在 CPU 的 I/O 指令指挥下启动、停止或改变工作状态。在 I/O 处理过程中,有一些操作,如码制转换、数据块的错误检测与校正等,一般仍由 CPU 来完成。

5. 外围处理机方式

外围处理机(Peripheral Processor Unit)方式的结构更接近一般处理机,甚至就是一般通用计算机或微机。它可完成 I/O 通道所要完成的 I/O 控制,还可完成码制变换、格式处理、数据块的检错纠错等操作,并可具有相应的运算处理部件和缓冲部件。有了外围处理机,不但可简化设备控制器,而且还可用它作为维护、诊断、通信控制、系统工作情况显示和人机联系的工具。外围处理机方式,使得接口由功能集中式发展为功能分散的分布式系统。

7.3 外部设备

计算机硬件系统中,主机(CPU 和内存)之外的设备,都属于外部设备。按照功能的不同,外部设备大致分为输入设备、输出设备两类。输入设备将外部自然界的信息变成计算机可以接收和处理的形式,以便计算机处理。输入设备包括键盘、鼠标、触摸屏、扫描仪、语音输入设备等。输出设备是将计算机处理的结果,变成人类可以识别的信息,以供人类使用。输出设备包括显示器、打印机、绘图仪、语音输出设备等。外部设备种类繁多,工作原理不一样,组成结构也不一样。下面介绍最常见的输入设备(键盘、鼠标)和输出设备(显示器、打印机)。

7.3.1 常用输入设备

1.键盘

键盘是计算机的主要输入设备,用于接受用户对计算机输入的操作指令或者录入的文字和数据。计算机键盘经历了 83 键、96 键、101 键和 107 键几个阶段,但基本原理是相似的。

根据按键开关结构对键盘分类,有触点式和无触点式两大类。有触点式按键开关有机械式开关、薄膜开关、导电橡胶式开关和磁簧式开关等。无触点式按键开关有电容式开关、电磁感应式开关和磁场效应式开关。有触点式键盘手感差,易磨损,故障率高。无触点式键盘手感好,寿命长。无论采用什么形式的按键,作用都是一个使电路接通或断开的开关。目前使用的计算机键盘多为电容式无触点键盘。

根据键盘的按键码识别方式分类,有编码键盘和非编码键盘。编码键盘主要依靠硬件电路完成扫描、编码和传送,直接提供与按键相对应的编码信息,其特点是响应速度快,但硬件结构复杂。非编码键盘的扫描、编码和传送则由硬件和软件共同完成,其响应速度不如编码键盘快,但是因为可以通过对软件的修改重新定义按键,在需要扩充键盘功能的时候很方便。计算机中使用的主要是非编码键盘。

2.鼠标

鼠标器是目前计算机必备的输入设备之一,能够快速定位,用于控制屏幕上的光标移动,完成屏幕编辑、菜单选择及图形绘制,是计算机图形界面人机交互必备的外部设备。

鼠标器的类型和型号很多,但都是把鼠标在平面移动时产生的移动距离和方向的信息以脉冲的形式送给计算机,计算机将收到的脉冲转换成屏幕上光标的坐标数据,就达到指示位置的目的,实现对微机的操作。

根据鼠标按键数目可以分为两键鼠标和三键鼠标两种。

根据鼠标的内部结构则分为光电机械式、光电式、轨迹球式和无线遥控式鼠标。

光电机械式是目前最常用的一种鼠标。鼠标内部有 3 个滚轴,其中 1 个是空轴,另外 2 个各接 1 个码盘,分别是 x 方向和 y 方向的滚轴。这三个滚轴都与一个可以滚动的橡胶球接触,并随着橡胶球滚动一起转动,从而带动 x、y 方向滚轴上的码盘转动。码盘上均匀地刻有一圈小孔,码盘两侧各有一个发光二极管和光电晶体管。码盘转动时,发光二极管射向光电晶体管的光束会被阻断或导通,从而产生表示位移和移动方向的两组脉冲。

光电式鼠标性能较好,它利用发光二极管与光敏传感器的组合测量位移。这种鼠标需在专用鼠标板上使用。这种鼠标板上印有均匀的网格,发光二极管发出的光照射到鼠标板上时产生强弱变化的反射光,经过透镜聚焦到光敏晶体管上产生电脉冲。由于光电式鼠标内部有测量 x 方向和 y 方向的两组测量系统,因此可以对光标精确定位。

轨迹球鼠标的内部和光电机械式鼠标相似,区别是轨迹球安装在鼠标上部,球座固定不动,靠手拨动轨迹球来控制光标在屏幕上移动。

无线遥控式鼠标主要有红外无线型鼠标和电波无线型鼠标。红外无线型鼠标必须对准红外线发射器后才可以自由活动,否则没有反应。电波无线型鼠标则可以不受方向的约束。

此外,按接口的类型分类,还可以分为 MS 串行鼠标器、PS/2 鼠标、总线鼠标器和 USB 鼠标。

7.3.2　常用输出设备

1. 显示器

显示器是计算机系统中最常用的输出设备之一。显示器是用来显示数字、字符、图形和图像,它由显示器件和显示控制器(又称为显示卡)组成。显示器件是独立于 PC 主机的一种外部设备,它通过信号线与显示卡相连。

常见的显示器件有阴极射线管显示器 CRT 和液晶显示器 LCD 两种。阴极射线管显示器 CRT 技术成熟,成本较低,寿命较长,是最常用的显示器。其缺点是体积大,能耗大。液晶显示器 LCD 是近年发展起来的新型显示设备,特点是体积小,重量轻,耗电省,其缺点是成本较高。目前便携式微机和一部分高档台式微机也采用 LCD 液晶显示器。

(1) CRT 显示器

CRT 显示器根据颜色分为单色和彩色两大类。当前使用的主要是彩色显示器。CRT 显示器根据其显示原理又分为荫罩式 CRT 和电压穿透式 CRT,其中荫罩式 CRT 最常见。

CRT 显示器包括阴极射线管和控制电路两部分。阴极射线管的功能是将电信号转换为光信号,在荧光屏上完成字符或图像的显示。基本工作原理是:CRT 加电后,阴极被加热发出 3 支平行的电子束。电子束中的大量电子在加速极和阳极的吸引下离开阴极,经过加速极、聚焦极和阳极等组成的电子透镜的聚焦后形成 3 束细电子束,在荫罩板的竖条形细缝或小孔中汇聚后,按不同强度轰击荧光屏上的红绿蓝三色荧光粉,产生不同颜色的亮点。而控制电路的功能则是将主机显示适配器送来的视频信号经过前级平衡、视频信号放大和末级平衡的处理后,送显像管的阴极。由于荧光粉轰击后产生的亮点只能在短时间内发光,所以电子束必须不间断地一次又一次地扫描屏幕,才能形成稳定的图像。由行扫描电路和场扫描电路控制 CRT 外部的偏转线圈,使光点移动从而形成光栅点亮整个屏幕。扫描一般从屏幕左上角开始向右扫描,到了右边以后,关闭电子束,然后向左回扫至第二行的最左端,这一过程称为水平回扫。这样一行一行扫描至屏幕最底端,又关闭电子束,从最后一根扫描线的最右端回扫到屏幕的左上角第一扫描线的最左端,这一过程称为垂直扫描。受扫描频率的限制,扫描方式可以分为逐行扫描和隔行扫描两种方式。在隔行扫描时,屏幕上先扫描奇数行,再扫描偶数行。这样的扫描过程中,电子束可能因为偏移由奇数(偶)行扫描到偶数

(奇)行上,造成水平线上的抖动,屏幕出现闪烁。为了保证屏幕无闪烁,现在的扫描频率一般为 85 Hz。

(2) 液晶显示器 LCD

液晶显示器 LCD(Liquid Crystal Display)是一种非发光性的显示器件,是通过对环境光的反射或对外加光源加以控制的方式来显示图像。液晶显示器以液晶材料为基本组件。液晶是介于固体与液体之间,具有规则性分子排列的有机化合物。分子按一定方向整齐排列的液晶,在有电流通过或者电场有改变时,晶体会改变排列方式从而产生透光度的差别,依此原理控制每个像素,便可构成所需图像。

液晶显示器的分类方法有很多。

根据驱动方式可分为静态驱动、无源矩阵驱动(又称为被动式矩阵)和有源矩阵(又称为主动式矩阵)。无源矩阵驱动又分为扭曲向列阵(Twisted Nematic, TN)、超扭曲向列阵(Super TN)、双层超扭曲向列阵(Double Layer STN)。有源矩阵驱动一般以薄膜晶体管型 TFT(Thin Film transistor)为主。

按商品形式分为液晶显示器件和液晶显示模块。液晶显示器件是包括前后偏振片在内的液晶显示器件,简称 LCD。液晶显示模块包括组装好的线路板、IC 驱动及控制电路及其他附件,简称 LCM。

按显示方式分有正向显示方式(在浅色背景上显示深色内容),负向显示方式(在深色背景上显示浅色内容),透过型显示(通过背光改变光线透射能力,在光源另一侧显示),反射型显示(通过改变光线反射能力,显示面和光源同侧),半透过型显示(背后的反射膜有网状孔隙透过约 30% 的背照明光,白天为反射型显示,夜间为透过型显示),单色显示(只有黑白色),彩色显示(实现单彩色和多彩色显示,其中又有伪彩色和真彩色。伪彩色只能显示 8~32 色彩色,真彩色可以显示 256 至几十万种颜色)。

2. 打印机

打印机是计算机系统中最常用的输出设备,特别是 2002 年以后,随着制造工艺的不断成熟,打印技术的不断完善,价格的进一步降低,打印机已经成为基本的装机配置。

打印机的品种很多,最常见的有针式打印机、喷墨打印机、激光打印机。

(1) 针式打印机

针式打印机是依靠打印头上的打印针动作,通过色带把字符印在打印纸上。打印头上有一个环形衔铁,打印针在环形衔铁圆周上均匀排列,通过导向板在打印头端部形成两列平行排列的打印针。不打印的时候,使用永久磁铁将衔铁簧片吸住,不使打印针撞向色带,当要打印时,小车载着打印头运行到相应的打印位置,字符发生器产生的打印命令信号使某些消磁线圈通过电流,产生与永久磁铁的磁场方向相反的磁场,抵消永久磁铁对簧片的吸引,使簧片释放,与簧片垂直相连的打印针便被弹出,通过色带打到打印纸上。

针式打印机推出时间最早,技术最为成熟,打印费用十分低廉,但是存在打印的字形较差,噪音大,不易实现彩色打印等缺点。

(2) 喷墨打印机

喷墨打印机的基本工作原理是利用喷墨头将细小的墨滴喷射到纸上,形成文字或图案。按喷墨技术有连续式和随机式两种。连续式喷墨技术是墨水连续喷射,在电场或其他方式下快速到达纸面,形成文字或图案,有电荷控制型、电场控制型、墨物型、喷涂型。随机式喷墨技术中由喷墨系统供给的墨滴只在需要印字时才喷出,墨滴喷射速度低于连续式,通过增加喷嘴的数量来提高印字速度。随机式喷墨的实现方式有气泡式与压电式。

（3）激光打印机

激光打印机通过激光在感光鼓上记录打印图像,之后再利用热能与压力将碳粉印在纸上。核心部件是一个可以感光的硒鼓。激光打印中整个动作可说是充电(Charging)、曝光(Exposure)、显像(development)、转像(Transferring)、定影(Fusing)、清除(Cleaning)及除像(Erasing)等七大步骤的循环。当使用者在应用程序中下达打印的指令后,首先感光鼓上充上负电荷或正电荷,计算机送来的数据信号控制着激光发射器,激光发射器发射的激光照射在一个棱柱形的反射镜上,随着反射镜的转动,光线从硒鼓的一端到另一端依次扫过,形成所谓的静电潜像。接着让碳粉匣中的碳粉带电,此时转动的感光鼓上的静电潜像表面,经过碳粉匣时,便会吸附带电的碳粉,并"显像"出图文影像。然后再将打印机进纸匣牵引进来的纸张,透过"转像"的步骤,让纸面带相反的电荷,由于异性相吸的缘故,使感光鼓上的碳粉吸附到纸张上。为使碳粉更紧附在纸上,接下来则以高温高压的方式,将碳粉"定影"在纸上。然后再以刮刀将感光鼓上残留的碳粉"清除"。最后的动作即为"除像",也就是除去静电潜像,使感光鼓表面的电位,回复到初始状态。

7.4 实 验 设 计

本节实验的目的是了解 PC 机中的接口、I/O 端口及所连接的外部设备。

1. 查看接口及 I/O 端口地址

进入 Windows 后,通过控制面板中的【计算机管理】工具查看 I/O 端口的分配,具体查看的方法随不同的操作系统有些不同。图 7-2 是某机的 I/O 端口地址分配情况。

图 7-2 某台 PC 机上的 I/O 端口地址分配图

2. 查看外围设备

选择【控制面板】|【系统】|【设备管理器】,可以看到各个设备的列表。选中各个设备,点击鼠标右键查看属性。可以在资源项中看到该设备的 I/O 端口地址和中断类型号等信息。某机打印机接口端口属性如图 7-3 所示。

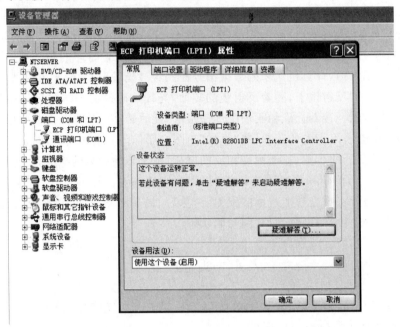

图 7-3 某机打印机接口端口属性

习 题 7

1. 什么是总线?简述总线标准的意义。
2. 总线有哪些主要的性能参数?
3. 总线有哪些传送控制方式?
4. 什么是接口?接口的全称是什么?
5. CPU 和 I/O 设备之间的交换的信息概括起来有哪三种?
6. 一个简单的 I/O 接口电路的总体结构是什么?
7. CPU 与 I/O 接口之间的数据交换方式有哪几种?
8. 说明目前使用的键盘和鼠标的基本类型和接口标准。
9. 说明 PC 系列键盘的工作原理。
10. 打印机如何分类?各自的特点是什么?
11. 打印控制器包含哪几部分?输出一个字符的过程是怎样的?
12. 说明激光打印机工作原理。

参 考 文 献

［1］ 北京精仪达盛科技有限公司．EL-JY-II 型计算机组成原理实验系统使用说明及实验指导书［G］.2009.

［2］ 上海航虹高科技有限公司．AEDK-CPT 计算机组成原理实验系统使用说明及实验指导书［G］.2005.

［3］ 李文兵．计算机组成原理［M］.2 版．北京:清华大学出版社,2002.

［4］ 刘星．微机原理与接口技术［M］,北京:电子工业出版社,2002.

［5］ 徐福培．计算机组成与结构［M］,北京:电子工业出版社,2009.

［6］ 袁静波,等．计算机组成与结构［M］,北京:机械工业出版社,2011.

［7］ 古辉,等．微型计算机接口技术［M］,北京:科学出版社,2011.

［8］ 杨文显,等．现代微型计算机与接口教程［M］,北京:清华大学出版社,2003.

［9］ 杨全胜．现代微机原理与接口技术［M］,北京:电子工业出版社,2002.

［10］ 李继灿．微型计算机原理及应用［M］,北京:清华大学出版社,2001.

系统平台使用说明

为了更好地服务于教师,服务于教学,我社特推出智能化数字教学平台(buptpress. hexstudy. com),其基本出发点是综合提高北邮社的教材出版质量。从选题入手到后期使用,全流程中都力争做到教材与教师的双向互动、教师与学生的双向互动、学生与课程的双向互动,真正打造"贴心教材"。

平台由仿真教学、电子书管理、课件管理、题库管理、用户管理、门户展示、交流答疑七大模块构成。

教师端

◎ 教学内容创新——通过学科知识点体系,有机整合碎片化的多媒体教学资源

◎ 教学方法便捷——针对性地画重点、做在线笔记、收藏书签、跨终端无缝切换(电子书)

◎ 教学负担减轻——作业和习题的自动组卷、自动评判

◎ 个性化教学——学生学习情况的自动统计分析数据

◎ 互动式教学——课程、学科论坛上的答疑讨论功能

◎ SPOC 实践——群发通知、催交作业、调整作业时间、查看作业成绩、发布正确答案等课程管理功能

学生端

◎ 巩固所学知识——方便快捷的课程复习功能

◎ 精准自我评估——个性化的学习数据统计分析和激励机制

◎ 高效考前复习——收藏习题、在线笔记、标画重点等功能

◎ 沟通个性体验——智能题库和详细的学习解答、交流

本书配套智能化数字教学平台——HexStudy 平台,使用本书的师生可以在教学平台上顺利开展"教"与"学"。

为了保证平台的服务质量,我们特别设立了教师服务热线 010-62281264,并且在不同地区安排专人负责服务项目的推广与落实。